Jesús Velázquez Macias
Claudia Guadalupe Lara Torres
José Alberto Vela Dávila

Um bot do Telegram para o tratamento da cessação tabágica

Jesús Velázquez Macias
Claudia Guadalupe Lara Torres
José Alberto Vela Dávila

Um bot do Telegram para o tratamento da cessação tabágica

Utilização de um bot do Telegram no tratamento da dependência do tabaco

ScienciaScripts

Imprint

Cover image: www.ingimage.com

This book is a translation from the original published under ISBN 978-613-9-40584-8.

Publisher:
Sciencia Scripts
is a trademark of
Dodo Books Indian Ocean Ltd. and OmniScriptum S.R.L publishing group

120 High Road, East Finchley, London, N2 9ED, United Kingdom
Str. Armeneasca 28/1, office 1, Chisinau MD-2012, Republic of Moldova, Europe
Managing Directors: Ieva Konstantinova, Victoria Ursu
info@omniscriptum.com

Printed at: see last page
ISBN: 978-620-8-59536-4

UTILIZAÇÃO DE UM BOT DE TELEGRAMAS NO TRATAMENTO DA CESSAÇÃO TABÁGICA

"IMPLEMENTAÇÃO DE UM BOT TELEGRAMA PARA DISPOSITIVOS MÓVEIS PARA APOIAR O TRATAMENTO DO TABAGISMO "

JESÚS VELÁZQUEZ MACIAS
CLAUDIA GUADALUPE LARA TORRES
JOSÉ ALBERTO VELA DÁVILA
Universidade Politécnica de Zacatecas
TecNM: Instituto Superior Tecnológico de Fresnillo

Resumo

O estudo aborda a implementação de um chatbot destinado à gestão do tratamento de cessação tabágica, realizado num Centro de Integração para Jovens com pacientes em tratamento ativo para cessação tabágica. O principal objetivo foi avaliar o impacto de um Bot no Telegram na gestão do tratamento, substituindo os métodos tradicionais e agilizando as tarefas de registo e consulta, através da utilização de plataformas tecnológicas de acesso livre. A hipótese é que esta abordagem aumentaria a eficácia do tratamento. A investigação, de natureza quantitativa, utilizou um desenho não-experimental transversal exploratório e uma abordagem experimental pré-experimental, de âmbito exploratório e correlacional. Para a coleta de dados foram utilizados questionários e testes paramétricos. Os resultados mostraram que as variáveis apresentaram baixa correlação, indicando que o uso do Bot não melhorou significativamente a redução do consumo segundo os terapeutas. No entanto, concluiu-se que a ferramenta e a plataforma web que a suportava facilitaram significativamente a gestão do tratamento, optimizando o tempo e os recursos dos profissionais de saúde durante o estudo.

Palavras-chave: tabagismo, chatBot, impacto no tratamento, gestão do tratamento,

Índice

INTRODUÇÃO

A utilização das tecnologias móveis estendeu-se a inúmeras áreas de investigação das ciências humanas, fornecendo ferramentas que simplificam ou complementam o seu trabalho, e no caso das ciências da saúde houve grandes contribuições que beneficiam tanto os especialistas de saúde como os seus pacientes, No caso do tabagismo, os tratamentos requerem que os registos e registos feitos pelos pacientes sejam analisados e interpretados por terapeutas treinados para lidar com este tipo de dependência, que determinam o melhor tratamento com base nesses registos e comportamentos.

As funções proporcionadas por uma aplicação móvel e integradas com um cliente de mensagens instantâneas constituem a plataforma ideal para gerir e apoiar as tarefas relacionadas com o tratamento do tabagismo, tudo através de um processo digital.

Neste sentido, o objetivo geral deste estudo é "Determinar o impacto da utilização de um Bot Telegram para a gestão de pacientes em tratamento do tabagismo", a fim de registar as actividades do lado do paciente, relacionadas com o consumo de tabaco, bem como ter a funcionalidade de receber conselhos de saúde, lembretes de consultas e terapias.

A ferramenta e o desenho da investigação foram desenvolvidos de acordo com as especificações e seguindo as metodologias de cuidados e prevenção de dependências fornecidas através da documentação e da literatura de um Centro de Integração para jovens na .cidade de Zacatecas

Apresenta-se como hipótese geral: "A utilização de um Telegram Bot aumenta o impacto na gestão do tratamento de cessação tabágica", e para aceitar ou descartar esta premissa utilizou-se uma metodologia baseada numa abordagem quantitativa de âmbito exploratório e correlacional e um desenho experimental do tipo pré-experimental, para além de outro desenho não-experimental do tipo transversal exploratório.

Considera-se que esta investigação cumpre os requisitos que enquadram a linha de investigação "e-Health" e está centrada no subtipo "Mobile Health", pois através de uma aplicação móvel os intervenientes neste estudo irão recolher e gerir a informação de apoio ao tratamento contra o tabagismo para posteriormente interpretar e analisar os resultados obtidos Desde há alguns anos que este tipo de aplicações e a respectiva tecnologia que as suporta, têm vindo a ser alvo de vários contributos que evidenciam a importância deste tipo de tecnologias no apoio aos cuidados de saúde em diferentes áreas.

Assim, tal como foi referido nos parágrafos anteriores, o presente documento menciona o desenvolvimento realizado ao longo da investigação, detalhando cada um dos seus principais aspectos através das secções seguintes, que se resumem a seguir

O capítulo 1 trata do enunciado do problema, no qual se expõe o problema ou questão a ser investigada, incluindo suas bases teóricas, objetivos e antecedentes, e principalmente a incidência relacionada ao uso de tecnologias relacionadas a chat bots para dispositivos móveis no tratamento do tabagismo, definindo e estruturando de maneira formal a ideia que surge desta pesquisa.

No capítulo 2, são contempladas as afirmações relativas ao enquadramento teórico relacionado com as aplicações móveis que intervêm nos processos relacionados com a saúde, os seus antecedentes e os resultados obtidos, além disso, esta parte é composta por vários elementos entre os quais se destacam: uma recolha de referências, conceitos teóricos e antecedentes em que se baseia a investigação, o seu estado da arte, e algumas teorias diretamente relacionadas com a presente investigação.

O Capítulo 3 expõe a metodologia utilizada no desenvolvimento do estudo, apresentando e descrevendo os principais processos de conceção da investigação, especificando as fases que foram realizadas, explicitando os métodos de obtenção de informação e os instrumentos utilizados e concebidos para o efeito.

O capítulo 4 apresenta os resultados obtidos. Esta secção é utilizada para descrever a análise dos dados obtidos através dos diferentes instrumentos concebidos. Esta secção é constituída por um total de 4 instrumentos. No início da análise, o instrumento concebido para é utilizado para determinar a aceitação ou rejeição dos pacientes através do questionário "Motivos de consumo". Posteriormente, são efectuadas análises de usabilidade tanto do Bot como da plataforma web que suporta os terapeutas e, por fim, são examinados os resultados obtidos a partir do questionário

"Eficácia no tratamento" para determinar o comportamento das taxas de consumo por parte dos pacientes.

Por fim, o capítulo 5 é dedicado à apresentação das conclusões e discussões. Este capítulo começa por verificar as hipóteses apresentadas e termina com questões relacionadas com os dados obtidos a partir da análise do capítulo 4, designados por resultados. São estabelecidos alguns benefícios e áreas de oportunidade da ferramenta utilizada, neste caso o Bot. Por fim, são deixadas em aberto algumas linhas de orientação para a investigação onde se expõe a necessidade de rever e atualizar alguns critérios que permitam a melhor utilização deste tipo de ferramentas em prol da saúde humana.

É também importante esclarecer que o projeto se revelou viável mesmo com as limitações e restrições apresentadas para o desenvolvimento do estudo no centro de integração juvenil, devido às regras estabelecidas no tratamento da informação e no respeito pela privacidade dos pacientes, bem como à resistência à tecnologia manifestada por terapeutas e pacientes.

CAPÍTULO I DECLARAÇÃO DO PROBLEMA

Esta seção expõe a justificativa do objeto a ser estudado neste documento, suas bases teóricas, objetivos e antecedentes, mas principalmente a incidência relacionada ao uso de tecnologias relacionadas a chat Bots para dispositivos móveis no tratamento contra o tabagismo, definindo e estruturando de maneira formal a ideia que surge desta pesquisa, como afirmado no título desta seção, levantando o problema é definido como a ação de refinar, especificar e estruturar a ideia de pesquisa (Hernández-Sampieri e Mendoza Torres, 2018)

Aprofundando o assunto, o enunciado do problema é o primeiro passo quando se fala em pesquisa científica, observando o contexto do estudo, a partir da entidade problemática surge a formulação da pesquisa, a metodologia e até mesmo o título da tese (Arias Gonzáles e Covinos Gallardo, 2021) .

Dada a magnitude desta importante etapa da pesquisa, Hernández-Sampieri e Mendoza-Torres (2018) mencionam que "um problema corretamente colocado é parcialmente resolvido; quanto maior a precisão, maiores são as chances de obter uma solução satisfatória" (p. 40), portanto, cada um de seus elementos deve ser apoiado por literatura especializada sobre o assunto para ter um início mais firme e ordenado, com uma base sólida a definição do problema será o instrumento para definir com mais precisão os objetivos, conteúdo e procedimento de estudo (Baena Paz, 2017)
.

A organização da informação facilita a distribuição das tarefas e clarifica o trabalho do autor, ordenando os elementos de acordo com a posição que ocupam dentro da investigação. Por esta razão, a estrutura deste documento de investigação baseia-se no método do hexágono, proposto por Arias González e Covinos Gallardo (2021), no qual a declaração do problema é dividida nas seguintes secções, como mostra a figura 1.

1Figura *Esquematização do desenvolvimento de uma declaração de problema*

Nota: Adaptado de Esquematización del proceso de elaboración de un planteamiento del problema, de Arias Gonzales e Covinos Gallardo (2021).

Segue-se uma breve descrição de cada secção e a sua analogia com as secções do presente documento; em primeiro lugar, a situação-problema consiste em descrever o que é observado como algo que deve ser investigado porque é novo ou atraente para o investigador, . Esta secção está incluída na secção com base no problema de investigação.

A segunda caixa trata da teorização do fenómeno do estudo, tem a ver com o tema do estudo em questão e com os autores que validam e apoiam este conceito e estão também em sintonia com o contexto do próprio estudo, com afirmações actuais, da mesma forma a caixa dos antecedentes da investigação está relacionada com a seleção de estudos realizados recentemente e que abordam conceitos relacionados com a nossa própria investigação, ambas as caixas são desenvolvidas neste documento durante as fases de descrição do problema e de forma mais aprofundada no capítulo do Enquadramento Teórico.

As caixas sobre a importância do estudo e o propósito do autor referem-se à justificação da investigação, onde os autores explicam as razões pelas quais o estudo foi realizado, bem como os benefícios e realizações obtidos no final da investigação, aqui os autores explicam as razões para a realização da investigação ou estudo (Arias Gonzáles e Covinos Gallardo, 2021) .

O problema geral é descrito e assimilado como as questões de investigação propostas no presente documento, que são a expressão formal dos problemas que a investigação pretende resolver, aprofundando a teoria dos fenómenos de interesse, a análise de estudos anteriores, as opiniões de peritos, entre outros.

1.1 Descrição do problema específico de investigação.

A ideia para o desenvolvimento desta pesquisa surge após o desenvolvimento do artigo "Uso de um Bot para a verificação de fórmulas matemáticas das disciplinas de Probabilidade e Pesquisa Operacional da

Universidade Politécnica de Zacatecas" (Velázquez Macías et al, 2016) , que descreve uma ferramenta desenvolvida para dispositivos móveis suportados pela plataforma de comunicação instantânea Telegram, que está disponível para verificar cálculos de Probabilidade e Pesquisa Operacional, os alunos podem corroborar os resultados de seus exercícios e, por sua vez, os professores podem verificar cadernos mais rapidamente.

No referido artigo, são apresentados tempos com e sem a ferramenta, todos eles inferiores à forma tradicional de verificação e revisão, tudo isto utilizando um assistente que simula uma pessoa e com o qual se pode "conversar" para obter determinados resultados, este tipo de interação e a tecnologia por detrás deste tipo de programa é conhecido como Bot, atualmente os Bots são utilizados como sistemas de ajuda ou apoio antes de pessoas físicas, com isto os tempos de resposta são reduzidos e as consultas fáceis são abordadas sem a necessidade de uma pessoa intervir (Chesñevar e Estevez, 2018) .

Um Bot é considerado uma aplicação de software adicionada com um contacto a um serviço de mensagens instantâneas que interage com serviços web e as suas respostas são baseadas em bases de conhecimento e representadas por mensagens de texto em linguagem natural (Guerrero et al., 2017) .

No Centro de Integração Juvenil de Zacatecas, existe um grande número de formulários a preencher por um paciente em tratamento anti-tabaco, que consistem em registos e fichas de consumo. Esta tarefa é feita fisicamente em folhas de papel que são facilmente esquecidas, perdidas, etc., o que atrasa o tratamento e impede os terapeutas de proporem um tratamento eficaz. Uma aplicação Bot poderia ser utilizada para registar a atividade do paciente, tendo o dispositivo sempre à mão, pois dificilmente saímos de casa sem o nosso telemóvel.

Através da utilização de um Bot, a informação estatística de cada doente estaria disponível para os terapeutas em bases de dados alojadas na internet, o que ajudaria a proporcionar um tratamento mais atempado, tendo em conta os benefícios deste tipo de assistente, a poupança de papel no preenchimento dos formulários, e a facilidade de registar eventos, ou de receber notificações, consequentemente e a partir da experiência adquirida no desenvolvimento do Bot acima descrito, foi proposta a ideia de desenvolver um segundo Bot que gerisse os processos de tratamento contra o tabagismo.

Após algumas conversas com o pessoal envolvido nestes processos, a ideia foi proposta pelo investigador e listando os benefícios de um assistente pessoal baseado em mensagens instantâneas poderia ajudar a gerir os processos de tratamento, a conceção e desenvolvimento desta ferramenta foi expressa com a publicação do artigo chamado "Desenvolvimento de um Bot para apoiar o tratamento do tabagismo no Centro de Integração Juvenil em Zacatecas" (Velázquez Macías et al, 2017) , esta ferramenta era algo novo em 2017, tanto para o pessoal envolvido como para o próprio tratamento, uma vez que nesse ano os Bots ainda não eram tão populares como são atualmente.

É por isso que este trabalho de investigação tem como objetivo demonstrar a fiabilidade da utilização de um Telegram Bot considerado como um assistente pessoal para dispositivos móveis (Mulyanto, 2020), pela forma como consegue interpretar vários comandos para realizar acções consequentes, para além de destacar as vantagens da sua implementação em relação ao método tradicional.

Da informação anterior, concluem-se as seguintes situações descritas nos pontos 1.1.1 e 1.1.1.2, referentes ao método de trabalho tradicional, ou seja, a forma como o trabalho é realizado antes da utilização do Bot e as situações desejáveis previstas durante a sua implementação.

1.1.1 Situação atual

O paciente em tratamento de cessação tabágica preenche formulários físicos manuscritos para levar para a sessão seguinte com o terapeuta, mas muitas vezes o paciente esquece-se ou perde-os, o terapeuta tem informações incompletas para dar o seu diagnóstico, prolongando e retardando assim o tratamento, ao esquecer-se ou perder os formulários o paciente perde informações importantes de acompanhamento, por isso não há relatório sobre o nível de progresso atempado no tratamento de cada paciente.

O tempo despendido na prestação de cuidados é reduzido à tentativa de recuperar informações perdidas e a parte essencial do acompanhamento da evolução para estabelecer um diagnóstico preciso é negligenciada, sendo os registos dos doentes mantidos em formato físico.

1.1.2 Situação desejável

O Bot é adicionado como um contacto na aplicação móvel Telegram previamente instalada no seu dispositivo móvel, após o que o paciente em tratamento contra o tabagismo mantém os seus registos e hábitos tabágicos interagindo com o Bot.

O paciente fornece o seu identificador único e o terapeuta acede à base de dados que o Bot gerou previamente, através do módulo web concebido para realizar consultas e extrair informações, o terapeuta visualiza os registos e hábitos do paciente, o que lhe permite fazer um diagnóstico e um acompanhamento precisos, além disso, o paciente pode receber notificações periódicas sobre informações importantes relacionadas com o seu tratamento, mesmo que o paciente perca ou mude de telemóvel ou se esqueça dele no dia da consulta, o terapeuta pode recuperar os seus registos, acelerando assim a gestão do tratamento do paciente.

1.2 Fundamentação do problema de investigação (Contexto concetual)

De acordo com a Organização Mundial de Saúde (OMS), o tabagismo é a segunda principal causa de morte, sendo responsável por cerca de 11,5% da mortalidade total só em 2015, com um total estimado de 1,1 mil milhões de fumadores em todo o mundo, e o fumo do tabaco causa graves efeitos na saúde, como cancro, doenças cardiovasculares e respiratórias (Yoong et al.,

2020) . O tabaco é um fator de risco para as quatro principais doenças não transmissíveis (DNT): cancro, doenças cardiovasculares, diabetes e doenças respiratórias (Blanco et al., 2017) .

Em 2008, a OMS criou o pacote MPOWER, uma ferramenta técnica que inclui medidas de controlo do tabaco mais eficazes para travar a epidemia do tabaco, que visa proteger a população do consumo de tabaco e das suas consequências negativas das seguintes formas

- Controlo e vigilância do consumo de tabaco e medidas de prevenção
- Proteger a população da exposição ao fumo do tabaco
- Oferecer ajuda para deixar de fumar
- Alertar para os perigos do tabaco
- Aplicar proibições à publicidade, promoção e patrocínio do tabaco
- Aumentar os impostos sobre o tabaco

Para apoiar os regulamentos internacionais acima referidos, o consumo e a distribuição de tabaco no México são regulados por lei e os tratamentos relacionados com as suas afectações são aprovados pela Lei Geral de Controlo do Tabaco (2010) que, no seu artigo 9

> A Secretaria coordenará as ações desenvolvidas contra o tabagismo, promoverá e organizará serviços de deteção precoce, orientação e atendimento aos fumantes que desejam deixar de fumar, investigará suas causas e conseqüências, promoverá a saúde considerando a

promoção de atitudes e comportamentos que favoreçam estilos de vida saudáveis na família, no trabalho e na comunidade; e desenvolverá ações permanentes para dissuadir e prevenir o consumo de produtos de tabaco principalmente por crianças, adolescentes e grupos vulneráveis. (p. 4)

No parágrafo anterior, o termo "secretariado" refere-se ao Ministério da Saúde dos Estados Unidos Mexicanos.

Em resposta ao apelo internacional, o México foi o primeiro país da América Latina a confirmar a sua participação na Convenção-Quadro para o Controlo do Tabaco (CQCT) da Organização Mundial de Saúde, em 2004. Esta convenção baseia-se inteiramente nos parâmetros e métricas estabelecidos pelos indicadores MPOWER, o México fez progressos significativos no controlo da epidemia do tabaco, no entanto, para que todo o movimento funcione, é necessária a plena implementação da CQCT para proporcionar um tratamento eficaz de cessação (Zavala-Arciniega et al., 2019)

.

Estatisticamente, existem cerca de 11 milhões de fumadores activos no México e o tabagismo é responsável por 60 000 mortes por ano devido à inalação do fumo do tabaco (Kuri-Morales et al., 2006) . Por este motivo, os centros de integração de jovens prestam uma atenção prioritária às pessoas dependentes do tabaco, com a ajuda de terapeutas e psicólogos que utilizam várias técnicas para as ajudar a controlar a sua dependência (Gutiérrez López e Castillo Franco, 2008) .

Tal como no México, no estado de Zacatecas o consumo de álcool e tabaco é um problema de saúde pública que está a aumentar constantemente, especialmente entre os adolescentes, o consumo é superior à média nacional e a idade em que iniciam o consumo é cada vez mais baixa (Legaspi et al., 2020) .

No Inquérito Nacional sobre o Consumo de Drogas, Álcool e Tabaco (ENCODAT) 2016-2017, na sua edição do Relatório sobre o Tabaco, afirma-se que 195 mil zacatecas são fumadores activos (37 mil mulheres, 158 mil homens), dos quais 84 mil fumam diariamente e 111 mil fumam casualmente (Instituto Nacional de Psiquiatria Ramón de la Fuente Muñiz, 2017) , em relação aos indicadores estabelecidos pelo MPOWER, o inquérito nacional reflecte os seguintes resultados nas suas diferentes categorias nas suas secções globais para o estado de Zacatecas:

- Monitor, em Zacatecas 18% da população fuma tabaco, a idade média de início do consumo diário de tabaco é de 21,9 anos para as mulheres e de 18,0 anos para os homens.
- Proteger, em Zacatecas, os locais públicos assinalados com a maior prevalência de fumo passivo por não fumadores são: bares, restaurantes, transportes públicos e escolas.
- Oferecendo ajuda, 80,1% dos actuais fumadores de Zacatecas estão interessados em deixar de fumar no futuro.
- Entre os fumadores activos em Zacatecas, 45,4% pensam em deixar de fumar devido às advertências sanitárias ilustradas.

- Proibir, durante o último mês 77,8% da população de Zacatecas viu ou ouviu informações na televisão e na rádio sobre os riscos de fumar.
- Impostos, entre os fumadores activos em Zacatecas 53,8% compraram cigarros por unidade, 72,4% da população apoia a lei do aumento do imposto sobre o tabaco.

Noutros resultados, a ENCODAT afirma que Zacatecas ocupa o décimo lugar no México em termos de prevalência do tabagismo, é um dos três estados menos prevalecentes em termos de fumo passivo nas escolas e também ocupa o primeiro lugar em termos da utilização de advertências sanitárias ilustradas para deixar de fumar.

Para esta tese, e tendo toda a informação de base sobre a importância de gerir eficazmente um tratamento contra o tabagismo e dada a importância deste grave problema de saúde, foi proposta a criação de um chat Bot ou Bot, que funciona como apoio ao tratamento já estabelecido e validado nos Centros de Integração Juvenil de Zacatecas.

O Centros de Integración Juvenil é uma instituição centrada na prevenção, no tratamento, na reabilitação, na investigação científica e na criação de especialistas em questões relacionadas com o consumo de drogas. Na sua página Web e como principal objetivo, o Centros de Integración Juvenil (n. d.) refere

> Contribuir para a saúde mental e para a redução da procura de drogas com a participação da comunidade através de programas de prevenção e tratamento, com equidade de género, baseados em provas para melhorar a qualidade de vida da população. (p. 9)

Além disso, a sua missão é prestar serviços de prevenção e tratamento de saúde mental para atenuar o consumo de drogas, com juízos de equidade, igualdade e não discriminação, com base em conhecimentos científicos e com pessoal profissional especializado.

Após a análise do material bibliográfico sobre o tema das aplicações móveis relacionadas com questões médicas e, mais especificamente, aplicações relacionadas com o tratamento de dependências, foi feita uma primeira abordagem a alguns projectos relacionados com este tipo de tecnologia associada à saúde humana. Por serem semelhantes ao presente projeto de investigação, serão tomadas como referência algumas teorias relacionadas com o seu funcionamento que têm um impacto direto no sucesso da sua aplicação.

1.3 Delimitação do problema

A delimitação do problema é realizada em termos de tempo, ou seja, quando aconteceu, em que datas, em que espaço, quais são os seus antecedentes, o que o originou (Baena Paz, 2017) , Por conseguinte, a delimitação deste trabalho é de vital importância para definir as acções associadas à investigação sem exceder os limites propostos e abrangendo tudo o que é necessário para completar satisfatoriamente o trabalho, por outras palavras, Arias Gonzáles e Covinos Gallardo (2021), argumentam que os âmbitos se baseiam em afirmar até onde o investigador quer ir com o seu estudo.

Esta investigação foi realizada durante o período de 2017 a 2018 no Centro de Integración Juvenil Zacatecas, localizado no Parque Magdaleno Lujan s/n, Colonia Buenos Aires na cidade de Zacatecas, Zacatecas, México, a nordeste da cidade.

O estudo incluiu uma população de pacientes maiores de idade em tratamento para o tabagismo, divididos em dois grupos, um de 28 e outro de 32, e incluiu também terapeutas ou profissionais de saúde responsáveis pela gestão do tratamento, pessoal associado, comissários, voluntários e gestores da instituição

1.4 Questões de investigação.

Como questões centrais, as perguntas de pesquisa ajudam a levantar o que se planeja responder por meio de estudos ou pesquisas, a fim de esclarecer o problema, pode-se trabalhar a elaboração de várias perguntas de pesquisa, que devem ter, na medida do possível, certas caraterísticas como clareza, viabilidade e relevância (Baena Paz, 2017) .

Para melhor esclarecer um problema, funciona a elaboração de várias questões de pesquisa, que são a articulação das ideias do pesquisador que contemplam uma relação entre as variáveis encontradas para posterior análise (Baena Paz, 2017) .

É difícil expressar em uma ou várias perguntas o problema de forma total levando em consideração todo o seu conteúdo, muitas vezes apenas objetivo do estudo é declarado, em qualquer caso as perguntas devem sintetizar o que será a pesquisa (Hernández-Sampieri et al., 2018) , tendo em conta as recomendações e os aspectos anteriores, nas secções seguintes 1.4.1 e 1.4.2, são definidas as questões gerais e secundárias de investigação relacionadas com este trabalho de investigação.

1.4.1 Questão geral de investigação.

PG. Qual é o impacto da utilização de um Telegram Bot para a gestão do tratamento do tabaco?

1.4.2 Questões de investigação secundária.

Q1: Como avaliar de forma automatizada a viabilidade dos doentes para verificar a sua elegibilidade para o tratamento de cessação tabágica?

Q2: Qual é a taxa de aceitação da utilização de um Bot móvel para a gestão do tratamento do tabaco?

P3: Qual será a eficácia do tratamento para deixar de fumar com a integração de um Bot móvel?

Q4 Qual é a taxa de aceitação da utilização de uma plataforma baseada na Web para a gestão do tratamento do tabagismo?

1.5 Objetivo geral

Para especificar as tarefas de qualquer pesquisa, os objetivos são escritos para estabelecer a linha a ser seguida pelo pesquisador, ou seja, para definir o que o pesquisador deseja alcançar (Arias Gonzáles e Covinos Gallardo, 2021) , com o objetivo de contribuir para a resolução de um problema, escrevendo objetivos claramente expressos, específicos, mensuráveis, apropriados e realistas (Hernández-Sampieri et al., 2018)

Também é importante mencionar a forma como a investigação é pensada para ajudar a resolver este problema, os objectivos podem determinar limites na investigação que normalmente devem ser alcançáveis, por diferentes razões, por vezes isso não é possível devido à falta de recursos ou restrições de tempo (Baena Paz, 2017) .

Complementando as afirmações anteriores, o objetivo geral responde à questão geral de pesquisa, a redação do texto é semelhante, a principal diferença é que não inclui perguntas e um verbo infinitivo deve ser usado no início da frase (Arias Gonzáles e Covinos Gallardo, 2021)

Além disso, o objetivo geral deve cumprir certos atributos, tais como: a) Qualitativo, destacando a qualidade da investigação, b) Integral, uma vez que integra pelo menos dois objectivos específicos e c) Terminal, quando a meta é alcançada, não é permanente, ou seja, o objetivo geral é alcançado apenas uma vez (Caballero, 2014) , tendo dito isto e continuando com o processo de descrição no que diz respeito à presente investigação, objetivo geral seria o seguinte:

OG. "Determinar o impacto da utilização de um Telegram Bot para a gestão do tratamento do tabaco

1.5.1 Objectivos específicos

Os objectivos específicos são as realizações que o investigador deseja obter para alcançar o objetivo geral. Estas realizações podem ser sequenciais ou paralelas; portanto, podem ser estabelecidas à medida que são alcançadas em ordem cronológica ou ao mesmo tempo (Arias Gonzáles e Covinos Gallardo, 2021) , tendo em conta estas afirmações, os objectivos específicos contemplados na investigação deste documento são detalhados a seguir

SO1: "Conceber um cenário que permita a avaliação automática da viabilidade dos pacientes para verificar a sua elegibilidade para o tratamento de cessação tabágica".

SO2. "Determinar a taxa de aceitação da utilização de um Bot para dispositivos móveis para a gestão do tratamento do tabaco".

SO3. "Avaliar a eficácia do tratamento de cessação tabágica através da integração de um Bot para dispositivos móveis".

SO4: "Determinar a taxa de aceitação da plataforma baseada na Web para a gestão do tratamento do tabaco".

1.6 Justificação

A justificativa é a parte de um projeto de pesquisa que enuncia as razões que motivam o autor a iniciar a pesquisa, ou seja, qual foi a necessidade do pesquisador selecionar o tema para desenvolvê-lo (Baena Paz, 2017) , a grande maioria das pesquisas é realizada com um propósito definido em mente, esse propósito deve ser suficientemente representativo para justificar sua implementação (Hernández-Sampieri et al., 2018) .

Alguns autores recomendam responder a algumas questões para apoiar a redação desta parte da investigaçãoestas questões devem ter como objetivo conhecer os principais aspectos do estudo, por exemplo, Caballero (2014) propõe responder às seguintes questões para uma correta redação da justificação:

a) Para quem é necessária esta investigação?
b) Porque é que é feito?
c) Para quem é conveniente?

Tendo em conta as recomendações anteriores e respondendo um pouco à pergunta "porquê?" da realização da presente investigação, são expostos os seguintes argumentos: o tema da tese foi escolhido como uma contribuição para a solução de um problema de saúde atual como o tabagismo. Ao apoiar-se nas Tecnologias de Informação e no desenvolvimento de aplicações para dispositivos móveis, o uso da tecnologia em questões médicas pode ser adotado como suporte ou plataforma para realizar de forma mais eficiente o trabalho relacionado com a saúde humana. Ao desenvolver este tipo de ferramentas, alguns aspectos de design, conetividade e acesso à tecnologia devem ser tidos em conta.

A importância desta investigação reside em facilitar a gestão do tratamento, tanto para os pacientes com tratamento ativo como para os terapeutas ou profissionais de saúde que lhes estão afectos, proporcionando-lhes ferramentas tecnológicas que agilizam os processos de registos e consultas de informação, de forma a conseguir uma interpretação mais eficiente dos dados e chegar a um diagnóstico de seguimento de cada paciente e proporcionar os cuidados e recomendações necessários para chegar com êxito ao final do tratamento.

Esta investigação é necessária para melhorar a otimização dos recursos, substituindo os registos em papel, fichas ou consultas pelo seu equivalente em versão digital, evitando assim a perda de informação, a agilidade nas pesquisas, a organização da informação e o cuidado com o ambiente.

É conveniente para os doentes, que devem cumprir determinados requisitos durante o seu tratamento, como parte principal, fazer registos diários do consumo de tabaco, o facto de o poderem fazer através do seu telemóvel e por meio do assistente pessoal é mais prático e evita trazer consigo o registo físico em folhas de papel.

É igualmente conveniente que o Centro de Integração Juvenil de Zacatecas melhore os seus processos administrativos, como o atendimento ao cliente, a gestão dos tratamentos e a administração geral dos processos dos pacientes quando estes se encontram em tratamento ativo, neste caso o tratamento relacionado com o tabagismo.

Outro ponto importante é que, como não requer qualquer tipo de recurso, patrocínio ou apoio económico, nem a aquisição de licenças de software ou equipamento informático para o projeto, não implica qualquer tipo de recurso económico para a instituição ou para o investigador, devido ao facto de ter sido utilizado software livre e equipamento informático disponível na instituição para a realização do projeto, pelo que este não depende em maior medida de recursos económicos.

1.7 Viabilidade da investigação

A determinação da viabilidade ou não de uma pesquisa é tão importante quanto os objetivos, questões e justificativa da pesquisa que foram descritos nos parágrafos anteriores, essa viabilidade ou factibilidade da pesquisa, deve considerar aspectos relacionados ao conhecimento e competências necessárias para desenvolver o projeto, disponibilidade de tempo, recursos financeiros, recursos humanos e recursos materiais que definirão o escopo da pesquisa (Mertens, 2019)

Posto isto, deve questionar-se se todos e cada um dos actores envolvidos no projeto e na informação resultante (Hernández-Sampieri e Mendoza Torres, 2018) são realisticamente acessíveis, para que a conclusão da investigação não esteja em risco devido a factores externos imprevistos que influenciam negativamente o desenvolvimento natural do projeto.

Com base nisto, foi possível determinar que a presente investigação é viável, uma vez que houve apoio institucional e do pessoal de gestão dos Centros de Integração Juvenil de Zacatecas no que diz respeito à utilização das ferramentas propostas, tais como o Telegram Bot e a plataforma Web para consulta pelos terapeutas, bem como a disponibilização ao investigador dos recursos informáticos, instalações e mobiliário necessários para a realização do projeto.

CAPÍTULO II ENQUADRAMENTO TEÓRICO

Este capítulo é composto por vários elementos, entre os quais se destacam: uma recolha de referências, conceitos teóricos e antecedentes em que se baseia a investigação, em geral a base teórica do projeto, bem como o seu estado da arte, complementados por algumas teorias diretamente relacionadas com as questões da investigação, e um compêndio de termos relacionados com a investigação, que na opinião do autor deste documento são importantes para introduzir o leitor que não pertence à área de estudo, para compreender o que está a ser referido com os termos técnicos em cada uma das secções desta investigação.

Como primeiro ponto, Arias González e Covinos Gallardo (2021), consideram que a revisão da literatura existente sobre o tema de pesquisa é considerada valiosa no sentido de que ajudará a formar as raízes teóricas do estudo. Em 2017, Baena Paz argumentou que "conhecer o anterior é um requisito para a seleção de um problema de investigação" (p. 96), portanto, identificar as linhas de investigação anteriormente trabalhadas, os seus métodos e técnicas apoiam a complementação do tema, a clarificação do problema de investigação como uma continuidade aos trabalhos anteriores encontrados.

Hernández-Sampieri et al., (2018) definem o trabalho de revisão da literatura como; "detetar, consultar e obter a bibliografia (referências) e outros materiais que sejam úteis para os propósitos do estudo, de onde se tem de extrair e compilar a informação relevante e necessária para enquadrar o nosso problema de investigação" (p. 61), esta revisão tem de ser seletiva devido à imensa quantidade de informação que poderia ser encontrada.

Em 2018, Hernández-Sampieri et al. cunharam o termo "vertebrar" em referência à construção de um quadro teórico, fazendo um índice global ou geral provisório e depois refinando-o até ser muito específico, e depois colocando a bibliografia nos seus lugares correspondentes, o processo de vertebração consiste em definir temas e subtemas e depois associar as referências a um ou vários subtemas, como se pode ver na figura 2.

2Figura *Método de estruturação do índice do quadro teórico e de atribuição das referências*

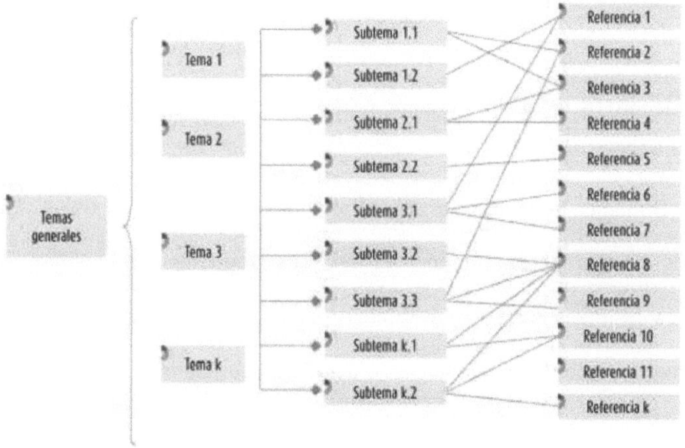

Nota: Retirado de (Hernández-Sampieri et al., 2018, p.x. 79).

Por outras palavras, este capítulo compila algumas das publicações mais recentes diretamente relacionadas com o tema desta investigação, especificamente sobre dispositivos móveis para abordar questões relacionadas com os cuidados e a preservação da saúde humana. Uma secção adicional e complementar trata dos conceitos técnicos relacionados com esta investigação e que, de uma forma ou de outra, intervêm direta ou indiretamente no desenvolvimento deste trabalho.

2.1 Estado da arte

Também chamado por alguns autores como o estado da questão; revela de forma resumida o nível de progresso de algum trabalho, este progresso conterá referências e hipóteses que dão um exemplo do conhecimento do assunto em relação ao progresso do investigador (Baena Paz, 2017) , ou seja, Hernández-Sampieri et al., (2018), defende que o estado da questão, é "conhecer a situação atual do problema, o que se sabe e o que não se sabe, o que está escrito e o que não está escrito, o que é evidente e o que é tácito" (p. 466).

Seguindo a tendência dos argumentos apresentados pelos autores citados no parágrafo anterior, as secções seguintes apresentam vários estudos de investigação relacionados com o que é discutido no presente documento, no âmbito da análise do estado da questão.

2.1.1 Tecnologias da informação para a saúde

Existem diferentes estudos que atestam os diferentes tipos de contribuições da tecnologia informática a favor da saúde, estes estudos reflectem-se como artigos em revistas científicas ou como teses de licenciatura ou pós-graduação, estas investigações tiveram um impacto positivo no trabalho do pessoal de saúde em termos de prevenção, informação ou tratamento, talvez alguns em maior ou menor grau, prova disso é o grande número de aplicações móveis e chat Bot que surgem a partir destes estudos e que se destacam nesta área, abaixo estão os mais relevantes na opinião pessoal do autor deste trabalho.

Algumas destas aplicações intervêm, por exemplo, na gestão e administração de registos médicos e na monitorização de variáveis físicas e fisiológicas em crianças e adolescentes (Grimaldo Botero, 2013) , outras promovem a saúde oral dos pacientes através de conteúdos interactivos e ilustrações (Anderson e Montero, 2021) , diferentes estudos analisam a eficácia das aplicações móveis, categorizando-as e ordenando-as de acordo com a sua função, emitindo uma opinião crítica sobre cada uma delas (Briz Ponce, 2016) , em geral, este tipo de estudos está relacionado com o proposto nesta investigação, porque envolvem questões médicas nos seus procedimentos apoiados por algum tipo de aplicação móvel para o seu objetivo.

2016) , a aceitação é um ponto central na avaliação de aplicações médicas porque determina se os utilizadores encontraram afinidade com as aplicações dadas, neste estudo a usabilidade tanto do chat Bot utilizado como da plataforma web que o suporta é medida como forma de determinar a facilidade de aprendizagem, a eficácia da utilização e a satisfação percebida pelo utilizador.

Continuando com os campos de oportunidade das aplicações móveis, um importante nicho de desenvolvimento seria o gerado pelo aumento das doenças crónicas na população, que se tornou um grave problema para a saúde, é aqui que as aplicações móveis centradas na saúde intervêm com a sua parte de apoio, oferecendo uma nova perspetiva sobre os de cuidados de saúde, alguns estudos investigam a eficácia deste tipo de aplicações associadas ao autocuidado de pacientes com doenças crónicas (Rey Iborra, 2019)

Há também estudos importantes em que se reflecte a usabilidade das aplicações móveis relacionadas com a saúde, esta caraterística tem a ver com a facilidade de leitura, o rápido descarregamento da informação e a simplicidade no manuseamento geral (Cruz Zapata, 2018), esta caraterística acima mencionada, é partilhada entre algumas das aplicações mencionadas neste estudo sem outro objetivo que não seja o de obter a satisfação completa dos utilizadores, algumas aplicações deixam de lado esta parte concentrando-se na funcionalidade.

A área odontológica não está isenta do interesse no desenvolvimento de aplicações móveis ao seu serviço, prova disso é que existem pesquisas que fornecem ferramentas para melhorar o seu desenvolvimento, execução e gestão de ensaios clínicos no pessoal de saúde dentária (Bacilio Ruiz, 2021) , como na aplicação utilizada neste estudo, a participação dos profissionais de saúde é vital devido à contribuição que podem oferecer no desenvolvimento de aplicações, enriquecendo o seu conteúdo e alinhando-o com o objetivo para o qual o seu desenvolvimento foi proposto.

Alguns desenvolvimentos estão mais diretamente relacionados com o objetivo deste trabalho de investigação e estão preocupados com a gestão de tratamentos para a toxicodependência e o alcoolismo, dependências graves e consideradas um problema de saúde, (Pacheco Campoverde e Idrovo Tapia, 2014) , outros lidam diretamente com o problema das dependências através da prevenção, fornecendo ferramentas úteis para identificar factores de risco e comportamentos de consumo (Alemán Cortes, 2017)

Outros estudos ligados mais diretamente a aplicações desktop mas com extensões para dispositivos móveis, trabalham de mãos dadas com a realidade aumentada, com base em estímulos e projecções, geram ambientes que, segundo os autores, ajudam no tratamento de certos vícios como tabagismo (Pericot Valverde, 2016) , tal como na presente investigação, uma plataforma ou um sítio Web que gere e suporta os dados gerados pelo chat Bot ou pela aplicação móvel é de extrema importância para gerir e monitorizar os tratamentos médicos e os registos dos pacientes.

Num estudo relacionado com aplicações móveis, Sekulovski, (2014), na sua tese, defendeu que embora as pessoas ainda utilizem os seus telemóveis para fazer chamadas, a grande maioria utiliza-os para realizar inúmeras tarefas através de aplicações móveis, que estão disponíveis aos milhões nas lojas de aplicações mais populares como a App Store e o Google Play, proporcionando a capacidade de aprender, comunicar, criar, entreter e partilhar informação como nunca antes, segundo o seu estudo em 2014, 22% da população mundial possuía um smartphone.

Nesse mesmo ano, já se vislumbrava um crescimento exponencial relacionado com a aquisição destes dispositivos, gerando uma infinidade de versões de sistemas operativos, uma infinidade de tamanhos e resoluções de ecrãs, o que gerou um grande número de problemas de consistência entre versões de aplicações móveis, pelo que é aconselhável, tal como neste estudo, utilizar ferramentas tecnológicas multiplataforma para evitar estes problemas de compatibilidade e consistência, quebrando esta barreira pretende-se que um maior número de pessoas evite que com elas possam ser excluídas de qualquer estudo que requeira a utilização de dispositivos móveis.

Para atacar esses problemas, Sekulovski, (2014), definiu como objetivo principal de sua tese, automatizar processos de desenvolvimento de aplicações multiplataforma, para isso ele utilizou um método chamado Interaction Flow Modeling Language (IFML), essa linguagem é utilizada para criar modelos gráficos e textuais que são utilizados para gerar prototipagem semi-automática tornando o desenvolvimento mais flexível e ágil, reduzindo assim as etapas iniciais do projeto.

No final, conclui que os telemóveis vieram para ficar, tal como as aplicações móveis, e que o desenvolvimento móvel multiplataforma ajuda os programadores a criar aplicações mais rapidamente, com menos recursos, reutilizáveis e fornece-lhes assistência para aumentar o seu alcance no mercado (Sekulovski, 2014) .

Como já vimos, o consumo crescente de aplicações móveis é inevitável e o seu crescimento acompanha o número de utilizadores que as utilizam, pelo que as estratégias para o seu desenvolvimento também devem evoluir ao longo do tempo para responder a esta grande procura, embora no caminho para o seu desenvolvimento possam encontrar dificuldades, por exemplo fragmentação, que não permite compartilhar o mesmo aplicativo entre diferentes cenários, a fragmentação dificulta a possibilidade de compartilhar o aplicativo sem fazer adaptações em outros ambientes, o que gera muito trabalho e consumo de tempo para gerar diferentes versões do mesmo aplicativo para vários tipos de dispositivos (Vique, 2019) .

Num estudo ligado à utilização de aplicações móveis focadas na saúde realizado por Puerto et al, (2016) em que os objectivos eram "identificar o uso e a aceitação de aplicações móveis (apps) em saúde, em adultos que frequentam o ambulatório de Medicina Interna de um hospital regional, através de uma entrevista telefónica numa amostra de 452 pacientes" (p. 271), um estudo realizado no país da Colômbia, relacionou-se com o estudo realizado neste documento em termos da ferramenta tecnológica utilizada e da área médica onde foi implementada, bem como da forma como os pacientes foram abordados através de inquéritos.

Os autores realizaram um estudo descritivo através de inquéritos telefónicos numa amostra obtida por amostragem aleatória simples, foram inquiridos um total de 452 pacientes, amostra que foi obtida de acordo com o número total de pacientes atendidos em 2014, Ao analisar os resultados concluíram que quanto maior o nível de estudo, maior a proporção de utilizadores de smartphones, Determinaram também que a idade é um fator determinante para a utilização destes dispositivos, uma vez que existe uma tendência para uma menor utilização em idades mais avançadas, e ainda, algo que também foi determinante foi o facto de a localidade onde foi realizado o estudo ter uma utilização de dispositivos móveis abaixo da média nacional desse país.

Por outro lado, também verificaram que a utilização de aplicações móveis de saúde em pacientes que frequentam consultas regulares de saúde é uma questão nova e da qual obtiveram que apenas 2,4% dos inquiridos utilizam aplicações móveis de saúde, acrescentando que a baixa percentagem se deve principalmente às limitações de acesso à internet naquela localidade e à falta de conhecimento por parte das pessoas da utilização e gestão deste tipo de aplicações (Puerto et al., 2016) .

Ruiz et al. (2015) apresentaram uma importante revisão da literatura com estudos sobre "mHealth", termo adotado pelos autores do projeto para definir aplicações que têm um enorme contributo para melhorar o acesso e a qualidade dos serviços de saúde no país latino-americano do Peru. Ruiz et al. (2015), consideram que "como os serviços de saúde nos países em desenvolvimento têm limitações e não são igualmente acessíveis às pessoas que vivem em áreas urbanas e rurais, as tecnologias móveis surgem como uma opção inovadora para os cuidados de saúde" (p. 364).

O estudo consistiu na realização de pesquisas bibliográficas de artigos sobre a utilização da saúde móvel no Peru, utilizando diferentes estratégias de pesquisa em diferentes bibliotecas digitais. No final das pesquisas, foi encontrado um total de 246 publicações, das quais a maioria foi excluída por não estar diretamente relacionada com o tema, deixando apenas 24 textos para serem avaliados em texto integral.

No final da revisão, concluiu-se que as tecnologias que envolvem dispositivos móveis são, em geral, bem recebidas pela população e que a sua utilização adequada no sector da saúde ajudaria a reduzir as limitações dos cuidados médicos. Outra conclusão a que os autores chegaram foi que a distribuição de informação relacionada com a saúde através de dispositivos móveis, o registo remoto de dados e o diagnóstico remoto aumentam a eficácia dos programas governamentais associados à saúde pública, reduzindo os custos dos cuidados médicos.

Entre as limitações encontradas no estudo, determinou-se que a maioria dos estudos incluídos no estudo foi realizada nas cidades de Lima e Callao, pelo que os resultados não são representativos da comunidade peruana e a sua implementação em locais remotos e vulneráveis requer mais estudos para comprovar a sua eficácia (Ruiz et al., 2015) .

Finalmente, concluem que a utilização de aplicações móveis na saúde é baixa, especificamente em 2014, quando a informação foi recolhida através de chamadas telefónicas e especificamente no grupo de pacientes que frequentam consultas regulares de Medicina Interna no Hospital Regional de Duitama, na Colômbia.

No mesmo ano, mas nos Estados Unidos, Vonholtz et al. (2015) realizaram um estudo exploratório sobre quais as aplicações de saúde para smartphone utilizadas pelos doentes, como são utilizadas e como são partilhadas as informações nas aplicações de saúde.

Foram inquiridos vários pacientes que procuraram atendimento médico de urgência num centro de saúde urbano, os inquiridos responderam a questões relacionadas com os dispositivos móveis sobre: utilização, conhecimento e caraterísticas das aplicações de saúde, para a amostra incluíram-se pacientes adultos estáveis durante o período do mês de abril de 2013 até setembro de 2013, para a análise dos dados utilizou-se estatística descritiva para caraterizar a amostra demográfica, a utilização de aplicações relacionadas com a saúde instaladas pelos participantes do estudo, de 517 pacientes, dos quais 452 cumpriram os critérios de elegibilidade e 300 completaram o total dos inquéritos.

Dos 300 participantes, 70% possuíam telemóveis e 40% utilizavam aplicações de saúde de vários tipos e concluíram que, embora as aplicações móveis tenham registado um enorme crescimento nos últimos anos, a utilização de aplicações de saúde entre a amostra analisada teve uma tendência decrescente, as aplicações de saúde mais frequentemente utilizadas cobriam os temas do exercício, da dieta e dos questionários, e concluíram que os participantes partilhavam mais frequentemente informações sobre aplicações de saúde nas suas redes sociais, as recomendações dos médicos sobre a utilização de aplicações móveis relacionadas com a saúde tiveram pouca resposta por parte dos doentes (VonHoltz et al., 2015) .

Os resultados e as conclusões apresentados no parágrafo anterior diferem de alguns outros apresentados neste documento porque, ao contrário do que os autores observaram, as aplicações móveis relacionadas com a saúde têm um elevado grau de aceitação no âmbito da implementação da sua investigação e reflectem que este tipo de ferramentas está em ascensão e reflecte bons resultados nos seus estudos.

Como exemplo, no México, especificamente na cidade de Zacatecas, uma aplicação para dispositivos móveis chamada Diabetest foi proposta em 2017 por Velázquez-Macias et al, os criadores afirmaram que esta aplicação apoia a prevenção da diabetes tipo 2 em pessoas com mais de 18 anos de idade, para a sua criação utilizaram metodologias para o desenvolvimento de aplicações móveis e uma arquitetura cliente-servidor, em que todos os pedidos são processados quer para registo quer para consulta de informação feita pelos clientes, a aplicação é multiplataforma e pode ser instalada em sistemas operativos Android, ou IOS mesmo que se possa aceder à versão web disponível no seu site.

Como resultado, foi obtida uma aplicação estável que tem a capacidade de fornecer conselhos sobre alimentação saudável e exercício físico, bem como de fornecer um diagnóstico para determinar o grau de incidência da doença utilizando os critérios estabelecidos por uma escala europeia de avaliação do risco de diabetes desenvolvida pela Associação Finlandesa de Diabetes, denominada FINDRISK (The Finnish Diabetes Risk Score).

Os autores concluíram que, é aconselhável que após a utilização desta aplicação, os utilizadores conheçam o diagnóstico emitido por um médico especialista sobre a sua saúde atual e que por nenhuma razão esta aplicação substitui o diagnóstico emitido por um profissional de saúde, acrescentaram ainda que a sua utilização sensibilizará para hábitos alimentares e exercício físico, acções que são essenciais para prevenir e/ou retardar os sintomas da doença (Velázquez-Macias et al., 2017) .

Posteriormente, em 2020, foi publicado um estudo por Velázquez-Macias et al., como continuação do trabalho anterior e com o objetivo de determinar o risco de diabetes tipo 2 no município de Fresnillo, Zacatecas, testaram a aplicação Diabetes para dispositivos móveis e recolheram dados estatísticos sobre a população.

Como parte da metodologia, foi realizado um estudo de validação do teste de diagnóstico em 2019, selecionando participantes aleatórios maiores de 18 anos do município de Fresnillo, Zacatecas, para usar todas as funções fornecidas pelo aplicativo móvel Diabetest, com uma amostra total de 384 participantes, o que garantiu a representatividade dessa cidade no estudo por meio de cálculos estatísticos.

Os resultados mostraram que 25,78% (99 indivíduos) do sexo feminino e 21,35% (82 indivíduos) do sexo masculino têm um risco BAIXO de contrair a doença, enquanto 28,9% (111 indivíduos) das mulheres e 23,95% (92 indivíduos) dos homens têm um risco considerável de contrair a doença, entre "Ligeiramente elevado" e "Muito elevado".95% (92 indivíduos) dos homens têm algum tipo de risco considerável situado entre "Ligeiramente elevado" e "Muito elevado", em relação à possível aquisição da doença, observou-se também que o sexo feminino tem um maior risco de contrair a doença, a idade em ambos os sexos é também um fator determinante, uma vez que quanto mais velhos forem, maior é o risco.

Como conclusões os autores mencionaram que; existe uma relação estatisticamente significativa entre o valor do índice de massa corporal de cada pessoa com o risco de contrair diabetes, quanto maior o índice maior o risco associado (Velázquez-Macias et al., 2020) , observaram também que as pessoas adoptam rapidamente a utilização da aplicação móvel, a gestão da aplicação foi suave, o que permitiu concentrar a informação de forma rápida e automática para a processar e analisar.

Como desafio a ser enfrentado em seu estudo, Velazquez-Macias et al., (2020), afirmam que;

> A candidatura é aceite e difundida pelas autoridades sanitárias oficiais junto da população para gerar uma maior consciencialização sobre esta doença e, por sua vez, recolher dados estatísticos sobre os hábitos alimentares para determinar acções e campanhas que ajudem a conter ou a reduzir ainda mais o risco de contrair a doença. (p. 50).

Em outra pesquisa realizada e publicada no Brasil, que também conta com o uso de um aplicativo para dispositivos móveis, e que se baseia nos resultados obtidos em uma tese de doutorado, Mazera e González, (2018), expõem questões relacionadas às medidas de proteção e garantia dos direitos sociais de pessoas que sofrem de insuficiência renal crônica e que estão na fila de espera para um transplante, O principal objetivo do seu trabalho foi expor os benefícios obtidos com a implementação da aplicação móvel "Kiga".

No âmbito da metodologia utilizada, foram realizadas entrevistas qualitativas aos doentes envolvidos e às suas famílias, às equipas profissionais, e os dados obtidos deram origem às seguintes linhas de informação: informações sobre a doença renal crónica e o transplante renal, informações sobre as cirurgias de transplante renal e, por último e mais importante, o desenvolvimento da aplicação móvel denominada "Kiga".

Como resultado, os autores constataram que existem lacunas no atendimento, que não permitem a implementação efetiva de políticas públicas de saúde. O objetivo da aplicação móvel como tal era reduzir a desinformação sobre a doença e o tratamento, além de oferecer e acompanhar os pacientes na autogestão do seu tratamento (Mazera e González, 2018) .

Um outro estudo, desenvolvido por Bonet et al., (2017), foi focado como uma revisão de literatura e com o objetivo de "realizar uma revisão sistemática da literatura, que nos permite obter uma visão geral do estado da investigação no campo das intervenções com aplicações móveis em pacientes com psicose para melhorar a adesão ao tratamento" (p. 169). (p. 169), neste trabalho os autores adoptaram o termo e-Health para se referirem às tecnologias de e-Health que combinam a utilização da comunicação eletrónica e das tecnologias de informação e comunicação (TIC), com utilizações clínicas, éticas, educativas e de gestão administrativa, com o objetivo de otimizar os sistemas de saúde em todos os sentidos.

Neste estudo utilizaram recomendações e parâmetros da declaração PRISMA, que fornece orientações para a publicação de pesquisas, melhorando a integridade dos relatórios de revisões sistemáticas e meta-análises (Hutton et al., 2016) , desde 2009 vários autores e investigadores têm utilizado esta declaração para planear, preparar e publicar os seus trabalhos

Seguindo esta técnica Bonet et al., (2017), selecionaram estudos focados na análise da aceitabilidade, viabilidade, utilização e possibilidades de intervenção terapêutica utilizando aplicações móveis para a gestão de pacientes com psicose, excluindo fontes onde apenas foram utilizadas chamadas telefónicas, aqueles que estavam fora do período de 1990 a 2016 e também todos aqueles que não estavam na língua inglesa.

Foram identificados 431 artigos, que foram reduzidos a 112 após a eliminação das publicações não destinadas a doentes com perturbações psicóticas, tendo sido posteriormente eliminadas 92 publicações por não se tratarem de intervenções clínicas, mas sim de revisões sistemáticas, inquéritos e protocolos de estudo, de modo a obter uma amostra de 20 artigos, dos quais 17 eram intervenções independentes.

Em conclusão, os autores consideram que as intervenções móveis dos trabalhos analisados, mostram uma manobra viável para os pacientes com psicose, também ao estudar as respostas dos envolvidos, a maioria está satisfeita com estas intervenções, consideram-nas úteis, benéficas e fáceis de usar, tudo isto sugere que estas intervenções são apropriadas e bem aceites pelos pacientes, destacam também que embora os resultados sejam geralmente positivos, há uma minoria que expressou dificuldade na utilização de dispositivos móveis e considera um enorme número de comunicações por dia que se traduz em algo intrusivo e tedioso.

Afirmam ainda que intervenções para outras condições mostram algum benefício, neste sentido, embora os resultados não tenham sido conclusivos, mostraram a ampla utilização que pode ser feita deste tipo de tecnologia. (Bonet et al., 2017) .

Estudos relacionados mais especificamente contra o tabagismo, indicam o nível de gravidade causado por essa doença e os consequentes danos que ela causa, como é o caso do relatório da Organização Mundial da Saúde chamado "WHO Global report on trends in prevalence of tobacco smoking" ou em espanhol "Relatório global da OMS sobre tendências na prevalência do tabagismo" publicado em 2015, constatou que o tabaco é a única droga legal que mata muitos dos seus consumidores quando utilizado exatamente como determinado pelos fabricantes de cigarros, a OMS estimou que o consumo de tabaco é atualmente responsável pela morte de cerca de seis milhões de pessoas em todo o mundo por ano e que cerca de 600 000 pessoas morrem também devido aos efeitos do fumo passivo (OMS, 2015) .

Por isso, é de vital importância apoiar o problema do tabagismo, através da utilização de tecnologias de informação, especificamente Bots, que representa o principal objetivo deste trabalho de investigação, e outros que são mencionados neste documento, bem como avaliar o seu desempenho e interpretar os seus resultados para melhorias futuras.

Existem vários trabalhos de investigação que dão o seu contributo para este grave problema de saúde global, implementando o uso da tecnologia no apoio a tratamentos anti-tabágicos, como abordagem a este tipo de trabalho, León et al., (2015), realizaram um projeto de revisão de estudos científicos que de acordo com o seu principal objetivo;

> Apresenta uma revisão dos estudos científicos que têm sido desenvolvidos no processo de cessação tabágica, o que permitiu apoiar um projeto de investigação que irá adaptar um modelo de tecnologia móvel concebido e utilizado nos Estados Unidos em populações de língua inglesa e espanhola. (p. 1999).

Analisam ainda os benefícios da incorporação da tecnologia móvel como estratégia eficaz no tratamento do tabagismo no processo de cessação tabágica. A metodologia deste trabalho foi realizada em duas fases; a fase heurística envolveu a pesquisa de trabalhos científicos e a segunda, a fase hermenêutica, baseou-se na análise dos textos selecionados categorizados por conjuntos pré-definidos.

Os resultados que obtiveram mencionam 14 artigos científicos relacionados com a utilização da tecnologia móvel como apoio à cessação tabágica; após uma filtragem exaustiva, o número de trabalhos foi reduzido a cinco estudos, entre os quais se destaca que o seu principal objetivo era medir a eficácia de uma intervenção baseada neste modelo baseado na utilização de tecnologias móveis. No final, concluíram que os telemóveis podem ser uma ferramenta eficaz com potencial para desenvolver programas destinados a promover e abordar problemas de saúde relacionados com o tabagismo (León et al., 2015) .

Num estudo semelhante, financiado pelo Ministério da Ciência e Inovação do Governo de Espanha, e com a intenção de obter o grau de doutoramento, Pericot Valverde (2016), realiza um estudo sobre técnicas de realidade virtual no tratamento do tabagismo, com o objetivo de desenvolver e validar empiricamente um procedimento através da realidade virtual no tratamento para mitigar os desejos de tabaco.

Como conclusões, resumem, entre outras coisas, que a realidade virtual como técnica de exposição é um método viável para simular situações da vida quotidiana associadas ao consumo de tabaco e que a técnica de exposição a pistas através da realidade virtual tem a capacidade de reduzir as condições de ansiedade sentidas pelos fumadores.

García-Pazo et al. (2020) deram outro contributo para o campo da utilização de tecnologias contra o tabagismo e consideraram a utilização de aplicações móveis para a cessação tabágica, argumentando na sua investigação que o tabagismo representa um problema de saúde difícil de suprimir.

As pessoas que são mais viciadas e dependentes da nicotina têm outros problemas, como a depressão e a ansiedade. O objetivo deste trabalho é realizar uma revisão da literatura sobre aplicações móveis de cessação tabágica que aplicam a Terapia Cognitivo-Comportamental e descrever as técnicas que implementaram. Utilizando a metodologia PRISMA para a realização de revisões de literatura (Hutton et al., 2016) , a mesma metodologia também utilizada noutros trabalhos mencionados neste artigo (Bonet et al., 2017) .

Os autores realizaram uma pesquisa durante o período de 2010 a 2019 em várias bases de dados, encontrando um total de 415 trabalhos, dos quais apenas cinco artigos foram objeto de investigação, os restantes foram excluídos após a aplicação de determinados critérios determinados pelos autores. As aplicações estudadas nos artigos continham várias funções, entre elas; registos de consumo, visualização de gráficos de progresso, vídeos educativos e secções motivacionais.

Os resultados mostraram a necessidade de incluir neste tipo de aplicação alguma análise do comportamento do fumador, uma vez que alguns deles não a têm, e é também necessária uma linha direta de comunicação dentro da aplicação entre os utilizadores e o pessoal de saúde responsável, para que este possa fornecer o tratamento mais adequado.

Em conclusão, destacam que a revisão sistemática realizada evidenciou a falta de aplicações móveis que apoiem acções para deixar de fumar, as aplicações detectadas têm algumas limitações ao não fornecerem informação suficiente sobre as técnicas utilizadas na Terapia Cognitivo-Comportamental, apenas relatam alguns procedimentos utilizados, mas sem mais detalhes, se o fizessem facilitaria a normalização do programa utilizado (García-Pazo et al., 2020) .

Recentemente foram encontrados trabalhos diretamente relacionados com o tema levantado nesta tese utilizando Bots como principal ferramenta de apoio a questões de saúde, dentro destes estudos recentes encontra-se o seguinte trabalho de tese publicado por Labra Chino e Quispe Poma (2022), no país latino-americano do Peru, e que consistia segundo os seus autores em;

> Propor um método de referência para a atenção de consultas de saúde baseadas em chatbot, evitando consultas presenciais; para o qual foi elaborado um método de referência para conceber e desenvolver o chatbot, com o objetivo de responder às consultas dos utilizadores em linha e de forma imediata (p. 34).

O estudo foi realizado numa unidade de cuidados de saúde para adultos mais velhos e o BOT foi concebido para responder a perguntas específicas sobre a COVID-19 com base em conteúdos publicados nos sítios Web da Organização Mundial de Saúde (OMS).

Como parte da metodologia implementada pelos autores, destacam a implementação de 4 fases que determinam os casos de utilização, os scripts, o design e finalmente o desenvolvimento, como resultados defendem que, com base nas métricas utilizadas, o Chat Bot é eficiente em termos de tempos de resposta, é flexível e ótimo em termos de funcionalidade, foi também utilizado um sistema de classificação por estrelas para determinar a aceitação global pelos utilizadores.

No final concluíram que o chat Bot contribui para uma melhoria significativa no processo de atenção às consultas, além disso os autores determinaram que o chat Bot evitou que as pessoas viessem pessoalmente ao centro de saúde e que esta prática promove a transformação digital e assim se obtém uma vantagem competitiva, além disso, eles asseguraram que a área de pesquisa relacionada ao uso de chat Bots em questões médicas é pouco estudada e não há muita informação sobre ela (Labra Chino e Quispe Poma, 2022) , este estudo coincide de certa forma nas conclusões argumentadas pelos autores ao que é exposto neste trabalho em relação à quantidade de informação relacionada ao uso de Bots em questões médicas.

A questão da saúde humana não tem sido a única a beneficiar deste tipo de projeto, existem chat Bots envolvidos em questões de saúde animal, que facilitam a interação com veterinários a pessoas que possuem animais de estimação, uma destas contribuições refere-se à utilização deste tipo de tecnologia, especificamente o trabalho de tese de Rodriguez (2022), realizado na cidade de Querétaro no México, mostra a utilização de um chat Bot como ferramenta para interagir através da resolução de dúvidas a pessoas que possuem cães, quer questões relacionadas com emergências, comportamentos, ou cuidados gerais, a ferramenta funciona com base na sua localização geográfica para colocar o utilizador em contacto com especialistas na área.

Na sua metodologia implementaram conceitos associados à inteligência artificial para que a partir de uma base de conhecimento o sistema responda segundo regras e algoritmos gramaticais com a melhor resposta para o utilizador, salientando também que este tipo de aplicação não substitui a opinião de um especialista em situações de risco ou cuidados especiais. Como resultado, obtiveram um protótipo de um agente conversacional funcional ou Bot, implementado numa plataforma web.

No final concluíram que o software é um sistema que está em crescimento e que são os seus utilizadores que fornecem a informação para que o Bot adquira novos conhecimentos através de perguntas relacionadas, pois como toda a inteligência artificial, está em constante aprendizagem, as perguntas que não estão na sua base de conhecimentos não podem ser respondidas (Rodriguez, 2022) , contrastando as conclusões com as deste e de outros estudos semelhantes, os Bots estão limitados às tarefas para as quais foram concebidos e se quiserem cumprir novas especificações, terão de ser programados para expandir a sua base de conhecimentos.

Outra contribuição é o caso do seguinte trabalho com o formato de publicação "carta ao editor", encontramos a análise realizada por Segrelles-Calvo et al, (2021), em que realizaram uma pesquisa literária de publicações relacionadas com a utilização de chatbots em medicina ou especificamente no tema que nos preocupa, a luta contra o tabagismo, os trabalhos são semelhantes aos apresentados nos parágrafos anteriores deste documento, tanto nos objectivos como nos resultados, mas podemos destacar as conclusões alcançadas pelos autores relacionadas com as limitações relativas à utilização de chatbots.

Os autores mencionam que existe uma limitação no momento de realizar a interação humana devido ao facto de não ser possível ter um tratamento personalizado que poderia levar a algum tipo de dano nos pacientes se não for detectado a tempo, estas interações devem ser totalmente endossadas pelos profissionais médicos, por outro lado mencionam que este tipo de tecnologia tem um grande potencial para combater o tabagismo mas a sua eficácia deve primeiro ser demonstrada, no final reconhecem que atualmente há poucas provas mas estas, embora mínimas, são encorajadoras, (Segrelles-Calvo et al...), 2021) .

O campo de aplicação, hoje em dia para chat Bots é muito amplo, como exemplo temos a contribuição da tese de Diaz Guerra (2021), na qual expõe o trabalho de um chat Bot chamado OncoBot para a aprendizagem da prevenção do cancro da mama, onde aborda questões relacionadas com este tipo de cancro apoiando a prevenção do diagnóstico precoce do cancro da mama, cuja principal preocupação é a elevada taxa de mortalidade em resultado do diagnóstico tardio, o principal objetivo do seu trabalho foi determinar o efeito do aumento do conhecimento utilizando o chat Bot para a aprendizagem da prevenção do cancro da mama.

Na sua metodologia, o autor utilizou um tipo de investigação experimental aplicada, um desenho pré-experimental seguido do tratamento e, finalmente, do teste pós-estimulação, tendo também utilizado o desenho pré-teste porque o ensaio anterior foi realizado no grupo 1 sem a utilização da ferramenta proposta.

Como resultados o autor obteve que, em relação ao conhecimento das 34 pessoas sobre a prevenção do cancro da mama, a percentagem de conhecimento aumentou para 70%, a percentagem de motivação aumentou para 76% e a percentagem de satisfação aumentou para 81%. Em conclusão, o autor determinou que de acordo com os resultados obtidos, a aprendizagem relacionada com a prevenção do cancro da mama através do chat Bot denominado OncoBot, tem um efeito positivo no grupo de pessoas que participaram no estudo, isto observado no aumento do conhecimento, motivação e aumento da satisfação que foi alcançado após as interações pelos participantes que têm vindo a utilizar o chat Bot OncoBot (Diaz Guerra, 2021) .

Outra tese que aborda a mesma linha de investigação a este respeito é a publicada pelos autores Cruz Barrera e Zambrano Lazarte (2020), que afirmam que a ferramenta é capaz de "ajudar os utilizadores a refletir e a alcançar um maior nível de conhecimento sobre a sexualidade" (p. 9), o principal objetivo dos autores era determinar o efeito de um Bot de chat para a aprendizagem da sexualidade, a metodologia utilizada foi um estudo aplicado e um desenho pré-experimental, em termos de desenvolvimento de software utilizaram um desenho SCRR. 9), o principal objetivo dos autores era determinar o efeito de um chat Bot para aprender sobre sexualidade, a metodologia utilizada foi um estudo aplicado e um desenho pré-experimental, em termos de desenvolvimento de software utilizaram uma metodologia do tipo SCRUM, e para realizar o estudo uma amostra de 60 pessoas na cidade de San Juan de Lurigancho.

Como resultados os autores determinaram que a utilização do chat Bot aumenta o nível de conhecimento em 33%, a motivação em 84% e a satisfação do utilizador em 80%, no final concluíram que durante o desenvolvimento da investigação foi possível determinar o efeito do chat Bot para a aprendizagem da sexualidade como bem sucedido uma vez que cumpriu o objetivo aumentando o conhecimento, a motivação e a satisfação (Cruz Barrera e Zambrano Lazarte, 2020) .

Precedendo a pesquisa descrita nos parágrafos anteriores, Ávila-Tomás et al, (2020), também realizaram um estudo envolvendo um Bot de chat denominado Dejal@Bot, e o tratamento contra o tabagismo, em que, apesar de não destacarem na sua publicação aspectos técnicos como linguagens de programação, sistemas operativos, plataformas de suporte à internet utilizadas, bibliotecas, mensagens, entre outros, nem mencionarem no estudo uma metodologia clara do acompanhamento realizado para o desenvolvimento do Bot, o que mencionam são algumas das diretrizes que devem ser cumpridas por este tipo de aplicações.

Estas diretrizes, apoiadas por profissionais, são que os seus conteúdos se baseiam em provas científicas, que oferecem segurança e privacidade e que, para os utilizadores, exigem uma ferramenta personalizável e de baixo custo que ajude a lidar com os sintomas de abstinência e os efeitos secundários.

No final concluem com as seguintes afirmações; existe uma necessidade primordial de avaliar as ferramentas digitais após serem implementadas para demonstrar a sua validade, devem ser geradas linguagens comuns num ambiente que transcenda os profissionais de saúde é uma necessidade atual, isto com a intenção de ter uma comunicação eficaz entre os profissionais de saúde e com os cientistas informáticos e programadores de software também como último ponto deve ser tido em conta as avaliações e opiniões prévias dos utilizadores e profissionais antes de iniciar qualquer processo de desenvolvimento de qualquer aplicação (Ávila-Tomás et al., 2020) .

Há alguns anos, em 2017, Velázquez-Macias, et al., publicaram um artigo a partir do qual o presente trabalho de investigação intitulado "Desarrollo de un Bot para apoyo en el tratamiento del tabaquismo en el Centro de Integración Juvenil en Zacatecas", desenvolveu um Bot como apoio no tratamento contra o tabagismo.

Neste artigo, expressaram graficamente a utilização do Bot na recolha de hábitos tabágicos entre os pacientes, substituindo os meios físicos de registo, as funções do Bot limitavam-se a armazenar informações fornecidas pelos pacientes e terapeutas e a fornecer dicas com conselhos de saúde, o

Bot não tinha a capacidade de diagnosticar ou determinar tratamentos individualizados.

Como conclusão, defenderam que o desenvolvimento de Bots é uma caraterística do software que é pouco explorada neste tipo de intervenção, ao desenvolverem o projeto deram apoio e suporte, ao actuarem como um complemento no tratamento de pacientes com tabagismo, conforme indicação dos profissionais de saúde. (Velázquez Macías et al., 2017) .

Para além dos Bots focados no tratamento contra o tabagismo, existem também outros que apoiam outras áreas médicas, como expresso por Pérez Peña e Ramos Jurado, (2021), na sua tese intitulada "Chatbot com inteligência artificial para o processo de atendimento ao cliente no Serviço de Urologia de um estabelecimento de saúde", os autores detalham os benefícios do chat Bot;

> Melhora os processos de atendimento ao doente, permitindo a otimização dos recursos envolvidos na operação, através da utilização da web, foi analisado e melhorado o fluxo de atendimento ao doente e apresentada uma alternativa para a marcação de consultas e criação de ordens de pagamento dos diferentes serviços prestados. (p. 8.

Além disso, descrevem que a ferramenta melhorou o nível de satisfação dos doentes e dos utentes dos centros de saúde nas horas de ponta, sendo esta a principal parte problemática do estudo.

O objetivo geral da sua tese foi determinar como um chat Bot sinónimo simplesmente de Bot ou mais tecnicamente definido como assistente pessoal autónomo, que tinha alguns princípios de inteligência artificial, melhora o atendimento ao paciente no serviço de urologia de um centro de saúde, através do uso de uma aplicação web foi examinado e melhorou o fluxo por pacientes, Propôs-se uma alternativa à gestão de consultas e ao processo de cobrança dos diferentes serviços oferecidos, melhorando assim a percentagem de satisfação dos pacientes e visitantes do centro de saúde no intervalo das horas de ponta, reconhecendo nestes os principais problemas que surgiram no estudo do estudo.

Como processo metodológico para sua tese, utilizou-se o inquérito como técnica para avaliar as variáveis do estudo, que foram atribuídas aos pacientes de urologia dentro do processo de atendimento. O instrumento utilizado para a recolha de dados foi um questionário composto por 40 itens, cuja fiabilidade foi determinada pelo coeficiente alfa de Cronbach com o apoio de 30 doentes que utilizaram o Bot e responderam ao questionário de forma confidencial e objetiva de acordo com a sua perceção pessoal.

Na conclusão da pesquisa, foi estabelecido que um uso adequado do Chat Bot pelos pacientes melhorou significativamente a satisfação do cliente, de acordo com os autores, em 78,92% determinado como um resultado aceitável. (Pérez Peña e Ramos Jurado, 2021) .

Noutro estudo mais específico relacionado com os jovens e a questão da saúde sexual realizado numa escola do Chile, Barker Maillard (2019) teve como objetivo avaliar e desenvolver um Bot com um sistema de assistência virtual sobre sexualidade baseado em ferramentas de Inteligência Artificial numa escola do Chile.

O Bot foi concebido para ser utilizado como um instrumento complementar para reforçar as questões de educação sexual nos alunos do ensino secundário, recolhendo resultados estatísticos de inquéritos através de um plano de análise de dados quantitativos.

A partir da observação das respostas e do enfoque nas principais questões de investigação do seu estudo, determinaram os seguintes resultados; a perceção dos utilizadores do Bot denominado Isidora em termos gerais foi positiva, devido ao facto de 73% dos alunos que afirmaram estar satisfeitos com o Bot, enquanto 86% mencionaram que desejam continuar com o acesso à ferramenta, 82% disseram ter uma influência positiva com a sua utilização e 97% asseguraram que é um instrumento útil para os adolescentes.

Em conclusão, referem que o Bot tem um grande potencial para funcionar como uma ferramenta de apoio na educação de um grupo variado de adolescentes e também para responder a questões sobre educação sexual, ajudando a reforçar os seus conhecimentos e, assim, a ter mais responsabilidade sobre o assunto (Barker Maillard, 2019).

Cinco anos depois do estudo anterior, os desenvolvimentos nesta área começavam já em 2014, num trabalho de investigação realizado no México, em que Cabrera Mendoza et al., (2014), conceberam e desenvolveram um sistema de mensagens móveis denominado mSalUV, que permitia aos doentes com diabetes mellitus tipo dois lembrarem-se das datas e horas das suas consultas, bem como da toma atempada e pontual da medicação, por outro lado, promovia estilos de vida saudáveis e, em segundo plano, recolhia dados estatísticos para posteriormente avaliar a sua eficácia.

A metodologia do estudo foi dividida em três fases; a primeira fase consistiu na conceção e desenvolvimento da aplicação móvel mSalUV, a segunda fase consistiu na geração e redação das mensagens de texto a enviar para três balcões diferentes e a terceira fase consistiu em conhecer a opinião dos utilizadores sobre a utilização do mSalUV. O estudo incluiu um total de 46 pacientes previamente selecionados e que cumpriam os requisitos definidos pelos autores, tendo sido concebidas cerca de 40 mensagens de texto aprovadas pelas autoridades médicas.

Durante o período de recolha de dados de 45 dias, foram enviadas um total de 1850 mensagens, os utilizadores argumentaram que a aplicação móvel mSalUV os ajudou no tratamento da sua doença, que era fácil de usar e mostraram interesse em continuar a usar a aplicação no futuro, as conclusões a que os autores chegaram definem o sistema como aceitável pelos utilizadores, pessoas com diabetes mellitus 2, o que coloca um cenário interessante para tirar partido das novas tecnologias em benefício da saúde (Cabrera Mendoza et al., 2014) .

2.2 Base teórica

2.2.1 Saúde em linha

O termo e-saúde tem sido utilizado por alguns autores para descrever práticas de cuidados de saúde baseadas em processos e comunicações electrónicas. A Organização Mundial de Saúde define-o como a utilização rentável e segura das TIC para apoiar a saúde e os domínios relacionados com a saúde, incluindo os serviços de cuidados de saúde e de vigilância, a literatura relacionada com a saúde, a educação e a investigação. Existem outras descrições do termo, por exemplo, León et al. (2015) menciona que o termo e-saúde se refere aos cuidados e à prática da saúde com a ajuda das tecnologias da informação, em concordância com Fernández (2020)

O termo, além de se referir às tecnologias de informação em apoio à saúde, também menciona que tem a ver com ambientes médicos em vários níveis; gestão, prevenção, diagnóstico, monitoramento e tratamento, Bonet et al., (2017), acrescenta que essas tecnologias são combinadas com conceitos clínicos, éticos, administrativos e educacionais, com o objetivo de fortalecer o sistema de saúde, e facilitar um maior acesso da população à saúde.

O estudo e a ferramenta associada apresentados neste documento enquadram-se perfeitamente no termo e-saúde de uma forma globalizada porque, na sua metodologia, são implementados meios tecnológicos na gestão do seu trabalho, seja ele preventivo, informativo, assistencial ou de tratamento.

2.2.2 Saúde móvel

O termo saúde móvel, m-health ou m-health, é considerado parte da saúde eletrónica, León et al, (2015), afirma que este conceito se refere à componente da e-saúde que utiliza dispositivos móveis como telemóveis, tablets e dispositivos electrónicos portáteis para prestar serviços de saúde, Ruiz et al., (2015), acrescenta que estes dispositivos também servem para transmitir e prestar assistência e informação médica, mas não implica apenas a utilização de tais dispositivos mas também tem em conta os serviços que estão à sua volta como a utilização de mensagens de texto, transmissões sem fios, chamadas de voz e aplicações móveis para transmitir informação relacionada com a saúde (Betjeman et al, 2013)

Outros contributos para a definição consideram também o ambiente global de utilização dos telemóveis e as plataformas e tecnologias que o suportam, como os sistemas de posicionamento global ou GPS e as tecnologias Bluetooth (Rowland et al., 2020) .

A ferramenta associada ao presente trabalho para o registo e acompanhamento dos pacientes em tratamento do tabagismo é considerada como pertencente à categoria dos envolvidos na saúde móvel, o Bot que funciona a partir de uma aplicação móvel é considerado como um todo como tal, portanto, esta aplicação é abrangida pela categoria dos considerados como saúde móvel.

2.2.3 Inteligência artificial

Para tentar chegar a uma definição mais ou menos estandardizada do termo Inteligência Artificial, a maioria dos autores remonta ao ano de 1950, quando Alan Turing propôs uma série de critérios para determinar se uma máquina pode ser (ou não) tão inteligente como o homem (Bistarelli et al., 2012) , com base nesses critérios, alguns autores tentaram propor algumas definições, mas sem chegar a acordo sobre uma definição precisa e universal, o termo inteligência artificial propriamente dito foi proposto em 1956 por John McCarthy para designar o ramo da informática dedicado ao estudo e à conceção de máquinas inteligentes

A partir daí, alguns investigadores chegaram à conclusão de que o teste de Turing é suficiente para definir a inteligência artificial (Alfonseca, 2014) , alguns autores vão um pouco mais longe na sua definição argumentando, por exemplo, que a Inteligência Artificial é a capacidade das máquinas de usar algoritmos de computador, aprender com os dados e utilizá-los na tomada de decisões de forma semelhante à ação humana (Rouhiainen, 2018) , outros consideram Alan Turing como o pai da Inteligência Artificial dando todo o crédito às suas afirmações e conclusões (Estrada Cutimbo, 2018) .

Atualmente, existem duas vertentes da inteligência artificial, a primeira denominada Inteligência Artificial Geral relacionada com a capacidade de resolver tarefas, como pensar e agir de forma semelhante à mente humana. A segunda denominada Inteligência Artificial Estreita ou Inteligência Artificial

Fraca relacionada com a capacidade de realizar tarefas específicas e repetitivas (Leyva-Vázquez e Smarandache, 2018) .

O Bot, pela sua natureza intrínseca, enquadra-se perfeitamente na segunda categoria, pois possui capacidades muito específicas e possivelmente repetitivas, uma vez que tudo na sua programação está definido para responder a determinados comandos previamente definidos, podendo ser considerado um tipo de inteligência artificial demasiado básico, pois não tem a capacidade de aprender novas acções ou responder a novos comandos introduzidos pelo utilizador.

Por outro lado, o Bot só é capaz de responder às perguntas para as quais foi programado e as acções não reconhecidas podem ser facilmente interpretadas com respostas por defeito ou mensagens de não reconhecimento. Isto não impede a utilização prática dos seus atributos nem o limita à funcionalidade acima mencionada, uma vez que ao longo do tempo pode aumentar a sua base de conhecimentos de acordo com critérios observados pelos programadores com base na experiência.

2.2.4 Assistentes pessoais

Quando nos referimos a uma máquina com Inteligência Artificial, esta pode ser designada por robô, quando é composta por componentes de hardware, e por bot, quando é composta por componentes de software, sendo ambos também designados por agentes. Alguns agentes que estão atualmente a ter um grande crescimento são os chat Bots e os assistentes pessoais. Um chat Bot é um Bot que interage através de mensagens por meio de sequências de texto, pelo contrário, um assistente pessoal inteligente é um Bot que executa determinadas tarefas e oferece serviços de diferentes tipos, como pesquisas na Internet ou ativação de periféricos compatíveis, (Rabelo et al., 2018) .

Os assistentes pessoais ou agentes virtuais respondem a questões mais complexas e podem aprender ao longo do tempo os hábitos e preferências dos utilizadores, existindo atualmente diferentes opções no mercado, como a Alexa, a Siri, a Cortana, entre outras.

Estas opções comerciais oferecem diferentes funcionalidades, tais como reconhecimento de voz, subscrições de serviços, integração com periféricos inteligentes, entre outros. Estes dispositivos tiveram um boom significativo entre os consumidores, de acordo com um estudo realizado pela Microsoft em 2019 chamado "2019 Voice Report: Consumer Adoption of Voice Technology and Digital Assistants" menciona que as novas tecnologias de reconhecimento de voz deram origem a uma nova geração de assistentes de voz e digitais

Os consumidores podem agora interagir com os motores de busca a um nível mais profundo e de uma forma mais significativa através do poder da sua voz e com o apoio da inteligência artificial, e com 72% dos inquiridos a afirmarem que utilizaram um assistente digital nos últimos 6 meses, este relatório analisa a mais recente tecnologia de reconhecimento de voz e as tecnologias de inteligência artificial que as suportam

Os resultados baseiam-se em dois inquéritos centrados no consumidor e em dados internos da Microsoft sobre uma variedade de tópicos, incluindo: a adoção e utilização da tecnologia de voz em assistentes digitais, a confiança dos consumidores nas tecnologias de voz, a funcionalidade dos assistentes digitais e as suas capacidades de reconhecimento de voz e a evolução do comércio eletrónico (Olson e Kemery, 2019)

Apesar de existirem várias opções em termos de dispositivos que funcionam como assistentes digitais, alguns deles são pouco conhecidos entre os consumidores, os grandes monopólios têm dominado completamente o mercado, prova disso é que apenas 1% do mercado é representado por estas opções alternativasa figura 3 mostra a distribuição dos utilizadores a nível mundial dos assistentes pessoais mais populares em 2019.

3Figura Percentagem *de quota de assistentes pessoais no mercado em 2019*

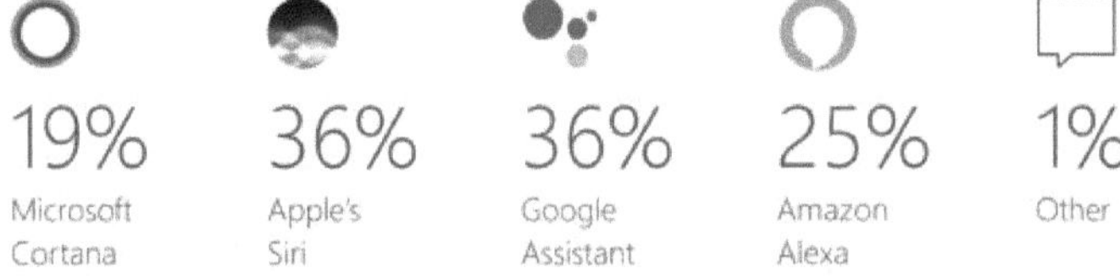

Nota: retirado de (Olson e Kemery, 2019, p.x. 9).

2.2.5 Os Bots

Bots ou chat Bots são considerados agentes conversacionais que respondem a scripts já pré-determinados em sua fase de programação, podem ser definidos como robôs que interagem com pessoas através de mensagens de chat, fingindo ser um operador ou uma pessoa em tempo real (Leyva-Vázquez e Smarandache, 2018) , a comunicação de um Bot é muito simples, ele apenas responde a perguntas feitas pelo usuário (Dahiya, 2017) e suas respostas segundo Guerrero et al, (2017), são baseadas em bases de conhecimento e representadas por mensagens de texto em linguagem natural.

P or outras palavras, um Bot é um sistema de diálogo humano-computador online através de uma linguagem conhecida pelo humano, o Bot é considerado um agente incorporado na tecnologia pelo facto de proporcionar uma sensação de presença (Cahn, 2017) , ainda que de forma opcional foram dados nomes a alguns de forma a gerar confiança no utilizador e a cumprir a questão anterior, por exemplo, Selena (Velázquez Macías et al, 2016) , ou Geraldine (Velázquez Macías et al., 2017) .

Um Bot é também uma aplicação de software que é adicionada a solução de aplicação de mensagens como um contacto e oferece, através da interação com um serviço web e uma base de dados, uma resposta devolvida também como uma mensagem de texto (Guerrero et al., 2017) , Estes programas são concebidos para simular a forma como um humano se comportaria como parceiro de conversação, mas sem inteligência própria, exceto a que lhes é dada pelos seus programadores (Barker Maillard, 2019) .

Atualmente existem inúmeros Bots programados para satisfazer as necessidades de diferentes disciplinas, uns mais complexos do que outros, mas todos eles cumprem a função básica de interagir com seres humanos através de mensagens de texto, entre os quais se encontram Bots para ajuda em plataformas Web, Bots para consultas sobre o tempo e a qualidade do ar, Bots focados em questões de saúde, que são os que interessam neste trabalho de investigação, alguns Bots mais específicos para realizar tarefas específicas, que não estão disponíveis para o público em geral e são reservados a funcionários ou gestores de algumas grandes empresas. Alguns Bots têm sido bastante populares entre as empresas dedicadas ao comércio eletrónico e os utilizadores consumidores, estes proporcionam uma mudança na experiência de compra e no atendimento ao cliente por parte das empresas aos seus potenciais compradores, envolvendo uma interação bidirecional entre o consumidor e a empresa, têm grandes vantagens porque oferecem serviços instantâneos a qualquer hora do dia, fornecem ajuda através de um banco de perguntas, também permitem compras simples, fornecem ofertas e notícias e podem enviar alertas sobre o inventário disponível (Chesñevar e Estevez, 2018) .

2.2.6 Aplicações para a criação de Bots

Atualmente, existem inúmeras aplicações móveis de mensagens instantâneas, como o WhatsApp, o Line, o Snapchat, o Facebook Messenger e o Telegram, que partilham a maioria das suas funções principais. O Telegram Messenger é uma aplicação desenvolvida e mantida desde 2013 pelos irmãos Nikolai e Pavel Durov.

Uma das suas principais funções centra-se no envio e receção de mensagens de texto e multimédia, sendo gerido por uma organização sem fins lucrativos com sede no Dubai, Emirados Árabes Unidos (Galán Pache, 2014) . Suporta o alojamento de todo o tipo de ficheiros, uma das suas principais capacidades é suportar a plataforma Bots, que permite a criação de conversas interactivas através de diálogos pré-definidos (Benito Rodríguez, 2018) .

O Telegram é a única aplicação de mensagens instantâneas, em 2020, que oferece a possibilidade de os seus utilizadores criarem Bots para uma variedade de aplicações de acordo com as suas necessidades, (Mulyanto, 2020) , os utilizadores podem até desenvolver Bots para gerir pagamentos, desenvolver jogos, moderar grupos, automatizar tarefas, entre outros, tudo graças aos princípios da inteligência artificial. É compatível com a maioria dos sistemas baseados em Android da Google e IOS da Apple e é também compatível com o registo em browsers modernos (Gil e Afrashtehfar, 2020) .

Para a programação do Bot, utilizámos a linguagem de programação Python criada por Guido van Rossum no início dos anos 90, cujo nome é inspirado no grupo de comédia inglês "Monty Python" (González Duque, 2011) . Implementado com as bibliotecas disponibilizadas pelo Telepot, que ajudam a criar aplicações do tipo Bot utilizando os serviços disponibilizados pelo Telegram, (Rodrigues et al., n.d.) .

Atualmente (2022), a maioria dos serviços de mensagens instantâneas oferece a possibilidade de gerar Bots como parte dos serviços que prestam aos utilizadores, graças à disponibilização das suas bibliotecas, algumas delas com suporte comercial para quem pode pagar uma licença e outras gratuitas para qualquer utilizador gerar, desenvolver e suportar as tarefas específicas necessárias através de um Bot.

2.3 Conceitos gerais relacionados com os projectos

Ao longo do documento serão utilizadas várias terminologias e expressões idiomáticas, algumas delas anglo-saxónicas que foram adoptadas na língua espanhola e não são traduzidas literalmente, estes termos técnicos estão diretamente relacionados com o projeto e servem para contextualizar a complexa organização de todo o projeto;

2.3.1 O software

Segundo Sommerville (2010), software não é apenas programas de computador, mas envolve também a documentação associada e as configurações de dados que fazem com que esses programas funcionem da forma para a qual foram criados (Montilva et al., 2003), esses programas juntos formam aplicações mais complexas que podem ser desktop, web, até aplicações móveis, entre outras, Sommerville (2010).

Para complementar a definição, os actores que executam estas tarefas, neste caso os programadores profissionais, são os que mantêm, actualizam e conservam os programas durante um determinado período de tempo (Pressman, 2010) , para além disto, é necessária a gestão de um outro conceito, "engenharia de software" para produzir software com qualidade com base em métodos, princípios estabelecidos e validados pelos mesmos.

Uma vez que o Bot é escrito numa linguagem de programação, neste caso Python, é considerado um software de aplicação e reúne as condições básicas para ser considerado um software, uma vez que necessita de actualizações, ajustes e correção de erros, tem ainda a caraterística de ser intangível e o seu armazenamento é feito através de meios digitais, como discos rígidos mecânicos ou de estado sólido ou num serviço disponibilizado na nuvem.

2.3.2 Engenharia de software

Sommerville, (2005), afirma que o termo "engenharia de software" deriva de um ramo da engenharia, que é a base do desenvolvimento de aplicações de software, no qual são aplicadas diretrizes sistemáticas, organizadas, disciplinadas e quantificáveis para facilitar o desenvolvimento, a fim de criar software de alta qualidade.

A engenharia de software centra-se no problema da produção de software, os seus gestores, os engenheiros de software requerem as competências necessárias em ciências informáticas (Sommerville, 2005). Enquanto Pressman (2010), opina que os processos, métodos e ferramentas permitem que os engenheiros de software cumpram a sua tarefa, o desenvolvimento de software.

Todo o desenvolvimento de software deve estar alinhado com uma metodologia reconhecida de engenharia de software para cumprir os requisitos necessários de qualidade, funcionalidade e compatibilidade, bem como para ter um controlo sólido da documentação que permita a atualização em função das necessidades do cliente e do utilizador e a correção de quaisquer erros gerados por alterações do software ou por entradas erradas geradas pelo utilizador.

Um chat bot combina toda a complexidade que a engenharia de software permite com toda a complexidade do processamento de linguagem natural, o que fornece os sólidos necessários para que possam ser implementados em diferentes plataformas, muitas vezes terão de utilizar serviços de terceiros ou manipular bases de dados de diferentes fornecedores, podendo mesmo ativar sensores remotos ou periféricos inteligentes compatíveis.

2.3.3 Ciclo de desenvolvimento de software

Quando se trabalha na construção de um produto ou sistema, é importante executar uma série de etapas previamente definidas, de forma a obter o produto desejado em tempo e forma. Este conjunto de etapas é conhecido como "processo de software" (Pressman, 2010) . Para organizar estas actividades, devem ser considerados aspectos como as sequências, o tempo e os recursos, para os quais existem diferentes formas de representar o fluxo de tarefas, que devem ser consideradas de acordo com o tipo e a dimensão do projeto

No desenvolvimento do Bot envolvido neste documento, foi selecionado o método do processo linear de software, para o qual Pressman (2010), considera cinco actividades estruturais para o desenvolvimento das acções gerais em engenharia de software, que estão ordenadas hierarquicamente e funcionam uma após a outra como se mostra a seguir; comunicação, planeamento, modelação, construção e implementação.

Estas actividades podem ser ordenadas em função das necessidades do projeto, mas, em geral, cada uma delas descreve a forma como o fluxo do processo é desenvolvidoPor razões práticas e porque os requisitos anteriores ao desenvolvimento do Bot são claramente conhecidos, foi selecionado o modelo em cascata ou mais conhecido como ciclo de vida clássico.

2.3.4 Ciclo em cascata

Na engenharia de software e, em geral, no domínio do desenvolvimento para computadores de secretária, para a Web ou para dispositivos móveis, o ciclo de desenvolvimento em cascata, também conhecido como sequencial, é uma das diferentes metodologias utilizadas no desenvolvimento de software.

Esta metodologia particular ordena as diferentes fases do desenvolvimento da aplicação de forma sequencial onde cada fase deve esperar pelo fim da fase que a precede antes de começar para evitar passos em falso, no final de todas as fases é efectuada uma exploração completa, se houver algum erro ou falha no sistema, os processos da fase ou fases envolvidas terão de ser repetidos para corrigir o código que está a causar o problema (Mantilla et al., 2014) .

Este ciclo de desenvolvimento é facilmente adaptado quando se trabalha no desenvolvimento de aplicações móveis, devido à facilidade de implementação e à lógica que segue nos seus processos, que podem ser facilmente compreendidos por programadores profissionais (Oberti e Bacci, 2016).

Pressman (2010), acredita que apesar deste sistema ter várias vantagens na sua implementação, algumas das suas desvantagens são os riscos naturais que cada projeto apresenta e que alteram o fluxo sequencial das actividades, outra desvantagem seria que muitas vezes os clientes não expressam completamente os requisitos no início do projeto, e que não haverá uma versão funcional até ao final do processo, o que muitas vezes causa incerteza aos clientes sobre os resultados finais.

2.3.5 Metodologia de desenvolvimento de aplicações móveis

Se a metodologia de desenvolvimento em cascata for adaptada a um projeto de aplicação móvel, serão obtidos resultados rápidos num curto espaço de tempo, esta metodologia foi utilizada no desenvolvimento do chat Bot (também considerado como uma aplicação para dispositivos móveis), baseia-se em técnicas utilizadas e aceites na indústria de desenvolvimento de aplicações móveis, na engenharia de software educacional e no conceito de metodologia ágil pela sua versatilidade e rápido desempenho, esta metodologia está dividida nas seguintes fases; Análise, Design, Desenvolvimento, Testes Funcionais e Entrega (Mantilla et al., 2014)

Como se pode ver na Figura 4 todas as etapas estão representadas, incluindo algumas das suas tarefas associadas, destinadas a trabalhar e a cumprir o objetivo proposto em cada etapa, que serão descritas em parágrafos posteriores.

4Figura *Etapas da metodologia de desenvolvimento de aplicações móveis.*

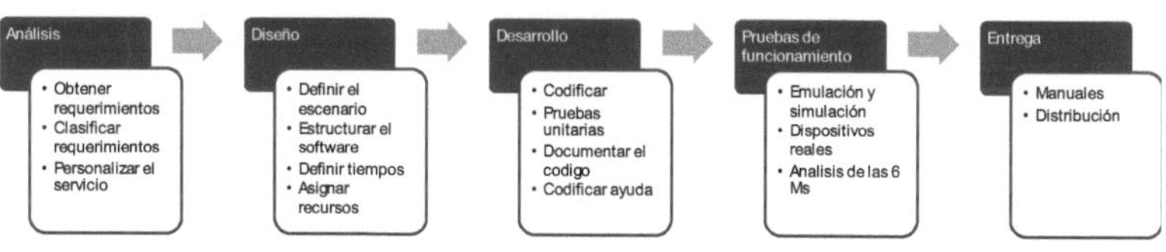

Nota: Adaptado de Stages of mobile app development methodology, de Mantilla et al., (2014).

Na fase de análise, como o próprio nome indica, são analisadas as necessidades dos utilizadores finais do software ou aplicação para determinar os objectivos a atingir, os procedimentos e processos a realizar, o manuseamento e tratamento a dar à informação, e é também considerada a parte mais importante porque é o ponto de partida para um bom planeamento e a partir daqui são desenvolvidas as outras fases do projeto (Mantilla et al., 2014)

Nesse sentido, o processo de levantamento de requisitos concentra-se no software, além disso, o espaço e as limitações do software, suas funções, possível desempenho e suas interfaces devem ser compreendidos (Maida e

Pacienzia, 2015) , em outras palavras, a análise define o "quê" do software, ou seja, qual a função que o novo programa irá realizar (Adenowo e Adenowo, 2013) .

2014) , esta fase descreve o "como" de um sistema de software (Adenowo e Adenowo, 2013) .

Na fase de desenvolvimento, o código fonte é implementado de acordo com a linguagem ou linguagens de programação selecionadas pela área de desenvolvimento, gerando inicialmente protótipos de software e realizando testes e validações básicas. A linguagem de programação estará sujeita às capacidades do equipamento informático e às necessidades requeridas na primeira fase, as bibliotecas e o código reutilizável serão muito úteis nas fases mais avançadas do projeto, acelerando os resultados com uma programação mais eficiente. (Mantilla et al., 2014) .

Os testes funcionais são realizados nos módulos previamente codificados, estes são ligados entre si para verificar a integridade da informação, esperando obter os resultados esperados com o processamento correto da informação, todo este trabalho é uma etapa anterior à entrega ao utilizador final do sistema (Mantilla et al., 2014) .

Na última fase do projeto e da metodologia em cascata, o utilizador final testa para verificar se o sistema executa o que se pretendia no início e se corresponde às suas expectativas (Mantilla et al., 2014) .

2.3.6 Sistemas operativos de suporte

No lado do cliente, o Bot utiliza a plataforma Telegram para funcionar, pelo que é necessário ter um dispositivo que suporte esta aplicação móvel, felizmente o Telegram pode ser instalado na maioria dos sistemas operativos baseados no Android, propriedade da Google, e no IOS, propriedade da Apple, e tem suporte para funcionar em qualquer navegador moderno (Gil e Afrashtehfar, 2020) .

Um sistema operativo é um tipo de software complexo que serve de intermediário entre as aplicações e todos os dispositivos de hardware de um computador, tablet, telemóvel ou qualquer outro dispositivo inteligente, sendo também categorizado como um conjunto de programas que permite a gestão da memória RAM, do disco rígido, dos suportes de armazenamento e de todos os periféricos que o dispositivo em questão possui.

O sistema operativo é também responsável pela execução dos processos e programas necessários para que o dispositivo interaja corretamente com o utilizador e responda às suas acções de forma rápida e sem erros, zelando sempre pela integridade da informação

Do lado do servidor, o Bot estará em execução constante e indefinida e necessitará de um sistema operativo estável com capacidade suficiente para poder responder a todos os pedidos que num dado momento são normalmente numerosos, para além de poder ter uma gestão de erros correta para manter o Bot a funcionar o máximo de tempo possível, forma os pedidos

dos utilizadores não serão afectados e assim terão uma experiência mais satisfatória.

2.3.7 Linguagem de programação

O Bot foi desenvolvido utilizando a linguagem de programação Python, criada por Guido van Rossum no início dos anos 90, cujo nome é inspirado no grupo de comédia inglês "Monty Python". Trata-se de uma linguagem interpretada, multiplataforma e orientada para os objectos (González Duque, 2011) . É também implementada com as bibliotecas disponibilizadas pelo Telepot, que ajudam a criar aplicações do tipo Bot utilizando os serviços disponibilizados pelo Telegram (Rodrigues et al., n.d.) .

Existem outras alternativas que apresentam um nível mais avançado de programação através das chamadas frameworks e algumas outras ferramentas de parsing que, dependendo das suas capacidades, podem ser pagas, ou seja, é necessário adquirir uma licença para as utilizar, em contrapartida, o Bot utilizado nesta investigação foi desenvolvido e implementado em software livre tanto para escrever o seu código como para o implementar dentro de um sistema operativo.

2.3.8 Bases de dados

É o principal meio de armazenamento de dados estruturados, liga as suas estruturas para formar um único módulo de dados agrupados numa unidade lógica, é utilizada para gerir enormes conjuntos de informação, uma base de dados é assim uma compilação organizada de informação que é originalmente armazenada eletronicamente em sistemas informáticos (Greenwald et al., 2013) .

Para ter um registo das actividades do paciente dentro do Bot, este deve ter a capacidade de armazenar os dados para posterior consulta dentro da plataforma de consulta concebida para o efeito. Este processo é realizado e gerido no lado do servidor, o que é um processo completamente transparente para pacientes e terapeutas, seguindo as normas básicas que o tratamento de uma base de dados deve cumprir: integridade, segurança, fiabilidade e disponibilidade.

2.4 Abordagem teórica

A abordagem teórica proposta neste documento está dividida em duas partes; a primeira refere-se às teorias que suportam o desenvolvimento de software e a segunda às teorias que têm a ver com a avaliação da ferramenta gerada a partir das normas estabelecidas na primeira parte, esta avaliação tem a ver com a medição do impacto e da eficácia de acordo com os resultados obtidos sem a utilização da ferramenta e depois dela

Algumas delas, por exemplo, são as metodologias ágeis, que têm sido utilizadas desde o início da tendência para o desenvolvimento de aplicações móveis, porque apresentam soluções rápidas, especialmente para projectos em que os requisitos estão em constante mudança

Estas aplicações têm de considerar uma série de caraterísticas e condições especiais, que devem contemplar diferentes requisitos, tais como: canal, mobilidade, portabilidade, capacidades específicas dos terminais, desenvolvimentos e projectos para dispositivos móveis são normalmente realizados sem uma ordem estabelecida e por desenvolvedores individuais que não implementam qualquer tipo de metodologia relacionada com a Engenharia de Software (Balaguera, 2013)

Esta metodologia é considerada como moderada devido à sua capacidade de adaptação a diferentes ambientes e, como o próprio nome indica, à agilidade dos seus resultados. Por outro lado, existe também a metodologia tradicional, considerada como pesada porque documenta todos os seus processos e planeamentos de forma rigorosa, que devem ser bem definidos desde o início, impõem certas disciplinas que fazem um trabalho rigoroso para assim agilizar o processo de desenvolvimento de software, essas metodologias não costumam se adaptar adequadamente às mudanças, por isso não é recomendada em cenários onde os requisitos não podem ser previstos ou variam constantemente de estado com o passar do tempo (Maida e Pacienzia, 2015).

Consequentemente, e tendo em conta as duas alternativas deste projeto, decidiu-se não utilizar uma metodologia tradicional, uma vez que estão reunidos todos os requisitos necessários, tanto para a conceção do Bot como para a plataforma web que irá gerir o tratamento pelas mãos dos terapeutas.

Especificamente para a determinação da funcionalidade do Bot, e uma vez que este é considerado dentro da definição de Inteligência Artificial, é necessária uma base teórica para formular e justificar algumas das acções que o Bot em questão pode realizar, tudo isto ligado às regras de comunicação já estabelecidas e à determinação do tipo de respostas, para as quais a teoria dos autómatos serve de suporte.

A teoria dos autómatos é um ramo da ciência da computação que estuda as máquinas abstractas, as suas capacidades de resposta e, além disso, os problemas que são capazes de resolver. Esta teoria está intimamente relacionada com a teoria da linguagem formal e com a classificação das mensagens que podem reconhecer e interpretar para, em seguida, realizar uma ação finita (Formella, 2010), acções que o Bot deve realizar durante todo o período de funcionamento.

A teoria da linguagem formal está intimamente ligada à teoria dos autómatos, pois é aqui que se definem as linguagens e a forma como devem ser interpretadas pelas máquinas (Contreras, 2012). Esta teoria está também diretamente relacionada com a matemática, a lógica e a informática, as suas regras de linguagem definem grupos de símbolos, que mais tarde constituirão o vocabulário das próprias aplicações, estes elementos gramaticais são compostos por colecções de símbolos com um significado próprio e específico, muitas vezes apenas para o ambiente em que foram concebidos (Formella, 2010) ,

Continuando com as teorias relacionadas com o desenvolvimento de software neste caso o Bot, é necessário ter em conta o impacto visual que a aplicação final terá nos seus utilizadores, pois uma boa seleção e distribuição das cores, evita a fadiga visual quando a aplicação é utilizada, aqui intervém a teoria das cores, descrita desde há anos por algumas personagens como Johann Wolfgang von Goethe, que propõe misturas específicas que combinadas corretamente produzem várias sensações que se traduzem no cérebro humano como a aceitação ou a rejeição (Miranda Castellón, 2016) .

Ao utilizar estas combinações é possível pré-determinar se a utilização de uma determinada combinação será avaliada com um grau de aceitação alto ou baixo, estas condições podem ser aplicadas ao desenvolvimento de páginas web, aplicações para dispositivos móveis e, em geral, qualquer software que inclua interfaces gráficas como parte dos seus componentes, a colorimetria é uma parte importante devido aos efeitos que tem no cérebro humano, sejam eles positivos ou negativos (Arias e Vela, 2015) .

A segunda parte da abordagem teórica como já foi referido, deriva da necessidade de medir os resultados obtidos segundo a opinião dos utilizadores finais do Bot, neste caso pacientes e terapeutas, através de alguns instrumentos para posteriormente interpretar os seus resultados, isto será detalhado mais à frente no Capítulo III deste trabalho, continuando com o tema dos testes é necessário implementar metodologias relacionadas com a avaliação de aplicações para dispositivos móveis

Para ir ao encontro da satisfação pretendida pelos utilizadores finais ao utilizarem a aplicação, devem ser aplicados alguns testes para garantir a qualidade do software, existem inúmeros testes para projectos de software que podem ser de dois tipos; os testes não funcionais permitem conhecer os riscos a que a aplicação está exposta bem como o desempenho médio na execução, e os testes funcionais que se focam principalmente na execução, fornecendo feedback sobre o seu comportamento, e também verificam se realmente executam as tarefas para as quais foram concebidos (Solis et al., 2014) .

Existem também testes mais específicos concebidos para aplicações de software comuns que podem ser adaptados, com algumas modificações, a aplicações móveis, por exemplo;

- Teste de unidade: Este teste centra-se nas funções básicas da aplicação e na forma como esta responde a diferentes cenários.
- Teste de integração: este teste verifica a integridade da informação à medida que esta passa por vários módulos.
- Teste do sistema: verifica se cada elemento se encaixa corretamente e se a funcionalidade e o desempenho do sistema global são alcançados. O teste do sistema é composto por uma série de testes diferentes cujo objetivo principal é exercitar
- Teste de validação: baseado em comparações e na introdução de valores diferentes, este teste garante que os resultados são os esperados após algum cálculo ou processo interno.

- Teste de recuperação: uma falha ou avaria do sistema é deliberadamente gerada para verificar a capacidade de resposta e de recuperação do sistema.
- Teste de segurança: este teste verifica os mecanismos de proteção estabelecidos na funcionalidade da aplicação.
- Teste de resistência: a aplicação é sujeita a processos excessivos para verificar a sua resposta, também conhecido como teste de esforço.
- Teste de desempenho: o desempenho do produto final é testado em tempo de execução.
- Teste de instalação: a instalação é efectuada em diferentes dispositivos com diferentes configurações para garantir a compatibilidade.
- Testes de regressão: são testes realizados após alguma pequena alteração e são comparados com os resultados dos testes realizados antes da mumificação (Maida e Pacienzia, 2015) .

Neste contexto, Pressman (2020), cataloga certos testes especializados concebidos para aplicações não convencionais, como ele lhes chama, neste caso o Bot, uma vez que não se enquadra completamente como uma aplicação convencional (aplicação de secretária), nem como uma aplicação web, é bastante semelhante a uma aplicação móvel, mas não inteiramente, em vez disso é catalogado como não convencional, portanto, o autor propõe os seguintes testes:

- Teste da interface gráfica do utilizador. Estes tipos de componentes tornaram-se mais reutilizados ao longo de uma aplicação e é comum apresentarem erros de consistência quando arrastam opções de um modelo predefinido, pelo que devem ser verificados quanto à sua consistência com a função a que se referem.

- Testar arquitecturas cliente-servidor: Este tipo de testes é essencial em aplicações não convencionais como os Bots, porque grande parte do seu funcionamento depende de serviços e plataformas de rede, sendo os testes de ligação essenciais para verificar parâmetros e configurações de ligação.
- Teste para sistemas em tempo real: é implementado a par do teste anterior, verificando os tempos de resposta e possíveis atrasos, transmissões assíncronas e interrupções na rede (Pressman, 2010) .

CAPÍTULO III METODOLOGIA

Para Caballero (2014), a metodologia é a "ciência cuja especialidade ou campo de estudo são as orientações racionais de que necessitamos para resolver novos problemas, e para adquirir ou descobrir novos conhecimentos a partir daqueles provisoriamente estabelecidos e sistematizados pela humanidade" (p 78). por outro lado, para Hernández-Sampieri et al., (2018), a metodologia é também uma reflexão sobre os métodos e técnicas, que ajudarão o investigador a atingir os objectivos do estudo,

Ou seja, a metodologia é formada a partir de um plano principal constituído pela descrição das unidades de análise, as técnicas de observação dos fenómenos, a recolha e administração de dados, os instrumentos e meios de recolha de dados, os procedimentos e técnicas de análise de dados (Baena Paz, 2017) , ou seja, forma o esqueleto geral da pesquisa que posteriormente servirá para articular todas as partes do estudo, utilizando a metodologia adequada, os objetivos podem ser atendidos satisfatoriamente.

Esta secção descreve os principais processos de conceção da investigação, a sua abordagem, o seu âmbito, os paradigmas utilizados na sua execução, a sua metodologia e os instrumentos utilizados na recolha de dados, bem como as técnicas de validação dos instrumentos e a elaboração dos questionários.

3.1 Abordagem da investigação

A via quantitativa, como é denominada por Hernández-Sampieri et al., , (2018)é apropriada quando se pretende medir fenómenos de forma adequada, ou quando se pretende estimar dimensões e ao mesmo tempo testar hipóteses, noutro trabalho Hernández-Sampieri e Mendoza Torres (2018), defendem que a abordagem quantitativa se baseia num esquema dedutivo e lógico que procura formular questões de investigação e hipóteses para posteriormente as testar.

Neste documento, é abordado um tipo de investigação aplicada através de uma abordagem quantitativa, uma vez que é a que está mais de acordo com os objectivos da investigação, ou seja, a utilização do Bot e os seus efeitos ou incidências em relação ao tratamento do tabagismo, a partir dos resultados obtidos através de técnicas de recolha como o questionário ou o inquérito, a hipótese proposta é contrastada para determinar a sua validade ou não.

3.2 Âmbito da investigação (nível de investigação)

O estudo neste documento é considerado principalmente exploratório porque pode lançar as bases para estudos descritivos, correlacionais ou explicativos subsequentes, além disso, de acordo com Hernández-Sampieri et al, (2018), investigam fenómenos ou temas pouco ou nada estudados, sobre os quais não existe um suporte teórico completo, existem dúvidas sobre o seu alcance ou não foram abordados no contexto em que aparecem, identificam também conceitos com variáveis e hipóteses com resultados possivelmente inesperados, e preparam o terreno para estudos mais amplos, elaborados e aprofundados.

Outro autor conhecido, Caballero (2014), defende que o nível mais elementar dos tipos de investigação é o exploratório, o tipo de análise mais comum é o qualitativo, mas podem fazer referências e centrar-se em dados com precisão quantitativa.

Como referido por Hernández-Sampieri et al., (2018), a investigação pode ser identificada como exploratória, descritiva, correlacional ou explicativa, mas não está estritamente definida numa categoria, pelo que, por vezes, pode pertencer, de certa forma, a uma, duas ou mais categorias de estudo

Assim, o presente estudo é também considerado correlacional, pois o seu tipo de análise é predominantemente quantitativo, recorrendo a interpretações qualitativas, estimando uma relação de uma variável e do seu comportamento com o efeito e comportamento das outras variáveis (Caballero, 2014) , ou seja, o principal objetivo deste tipo de estudo é investigar a relação entre duas ou mais variáveis dentro de um contexto previamente estabelecido, e se essa relação é positiva ou negativa, será interpretada em conformidade.

3.3 Conceção da investigação

O desenho da investigação refere-se aos métodos e técnicas selecionados pelos investigadores (Hernández-Sampieri et al., 2018) , que quando utilizados de forma lógica irão abordar o problema de investigação de uma forma mais eficiente, esta parte da investigação é composta por uma série de passos sobre como conduzir a investigação e como a preparar, para

Hernández-Sampieri et al., (2018), existem duas categorias no desenho, experimental e não experimental.

No presente estudo, são abordados dois tipos de desenho, o primeiro dentro classificados como experimentais, designados por pré-experimentais, do tipo estudo de caso de medida única, o segundo envolve outro do tipo não-experimental designado por transversal do tipo exploratório, categorizado como se apresenta no quadro 1.

1Tabela *Conceitos aplicados na presente investigação*

Concepções quantitativas	Grupo	Subgrupo
Experimental	Pré-experimental	Estudo de caso com uma única medição
Não experimental	Transversal	Exploratório

Nota: Elaborado pelos autores.

Para Arias González e Covinos Gallardo (2021), como pontos negativos, o pré-experimento não tem valor científico e não permite garantir a causalidade, mas, por outro lado, permite resolver problemas situacionais, e os autores consideram ainda que um pré-experimento deve conter as seguintes caraterísticas: os grupos são formados previamente, há apenas um grupo experimental, pode ser aplicado um pré-teste e um pós-teste, as medições podem ser feitas no máximo em dois momentos diferentes.

Para as medições, Arias González e Covinos Gallardo (2021) identificam dois cenários, o primeiro aplica-se a estudos de um grupo com uma única medição, a medição é feita após a aplicação do tratamento em diferentes períodos de tempo. O segundo aplica-se a estudos de um grupo com duas medições, uma antes e outra depois do tratamento, que são efectuadas em três intervalos de tempo diferentes.

No presente estudo, utiliza-se o cenário um, referido por Hernández-Sampieri et al. (2018) como um "estudo de caso de medição única", que consiste em fornecer um tratamento a um grupo e, em seguida, aplicar a medição correspondente de uma ou várias variáveis, e argumenta que este tipo de desenho não cumpre os requisitos de uma experiência pura. O quadro 2 apresenta o desenho e a atribuição das actividades:

2Tabela *Esquema de conceção de grupo experimental único com medida pós-tratamento, sem medida pré-tratamento.*

Grupos	Temas	Medida de pré-tratamento	Tratamento experimental	Medida pós-tratamento
1	N	Não aplicável	Y	X2

Nota: Elaborado pelos autores

O segundo desenho associado à presente investigação tem a ver com métodos não experimentais do tipo transversal ou trans-seccional e, por sua vez, categorizados como exploratórios. De acordo com Arias González e Covinos Gallardo (2021), os desenhos transversais recolhem dados num único ponto no tempo e apenas uma vez.

Para Hernández-Sampieri et al., (2018), o desenho transversal refere-se a tirar uma fotografia de algo que acontece, este tipo de estudo pode então ter âmbitos exploratórios, descritivos e correlacionais, apoiando assim o âmbito do tipo correlacional referido na secção anterior, falando ainda do subgrupo denominado exploratório, estes têm como principal objetivo partir do estudo de variáveis selecionadas num momento específico

Para cumprir o objetivo geral dos desenhos de secção transversal, estes têm de satisfazer as seguintes caraterísticas

1. Descrever variáveis num grupo ou determinar qual é o nível das variáveis num determinado momento.
2. Avaliar uma situação, comunidade, acontecimento, fenómeno ou contexto num determinado momento.
3. Analisar a incidência de determinadas variáveis, a sua inter-relação num determinado momento.

3.4 Variáveis e sua operacionalização.

Para Arias Gonzales e Covinos Gallardo (2021), as variáveis são o que será estudado, medido, controlado ou manipulado, além de constarem no título da pesquisa, no objetivo geral, no problema geral e na hipótese geral, enquanto o autor Baena Paz (2017) afirma que as variáveis são instrumentos de análise que compõem as categorias em um nível manifesto da realidade, classificando-as em variáveis independentes e dependentes. Entre outras definições, as variáveis são elementos que interagem como causas e efeitos dentro do processo de pesquisa e fazem parte integrante da composição das experiências (C. E. E. E. E. Freire, 2018) .

A variável independente (x) é a caraterística ou propriedade que se supõe ser "a causa" do fenómeno estudado que não pode ser controlada e a variável dependente (y) é aquela cujas modalidades ou valores estão relacionados com as mudanças da variável independente, ou seja, "o efeito" e que por sua vez pode ser controlada cientificamente (Baena Paz, 2017) , para Hernández-Sampieri et al, (2018), o conceito de variável aplica-se a pessoas, seres vivos, objectos, factos e fenómenos, que assumem valores diferentes em relação à variável em questão

As variáveis envolvidas neste estudo são apresentadas de seguida:

y. Taxa de redução de consumos, associada e expressa através da eficácia dos processos de gestão do tratamento. Dependente - efeito

x. Bot para dispositivos móveis. Independente - causa

Como se pode verificar, "y" depende dos efeitos ou alterações que podem ocorrer com a implementação de "x". O Quadro 4 apresenta a matriz de operacionalização das variáveis, as suas dimensões e indicadores, bem como o número de itens para cada variável.

A operacionalização de variáveis é utilizada quando uma variável precisa de ser definida ou conceptualizada, no processo que passará de um conceito abstrato para um que pode ser quantificado, definindo assim as suas dimensões ou valores que pode assumir, a fim de recuperar facilmente a informação (C. E. E. E. E. Freire, 2018) . Como complemento, Arias González e Covinos Gallardo (2021), argumentam que "a operacionalização das variáveis é um processo que ocorre apenas na abordagem quantitativa porque as variáveis devem ser susceptíveis de serem observadas e medidas" (p. 60)

A operacionalização permitirá a tradução da variável teórica em propriedades mensuráveis e observáveis, do geral para o particular (Medina Martínez, 2015) . Medina (2015) define a operacionalização como o processo pelo qual uma variável teórica composta é transformada em variáveis empíricas que são mais fáceis de interpretar e medir. Para o autor, operacionalizar significa identificar o que é a variável, as suas dimensões e indicadores, incluindo também a sua definição concetual e operacional, termos que serão abordados nos parágrafos seguintes

Voltando à definição conceitual, também chamada de definição constitutiva, para Hernández-Sampieri et al. (2018), é aquela que define uma variável no contexto da pesquisa, essa definição deve ser validada pela comunidade científica e emergiu da revisão da literatura. Arias Gonzales e Covinos Gallardo (2021), concordam que a definição concetual é englobada no contexto da investigação e que também é tida em conta a partir da população e do espaço onde é realizada, argumentam também que esta definição deve ser diferente da estabelecida no quadro teórico.

A definição operacional é um conjunto de actividades que são realizadas após a análise teórica e prática das variáveis. Isto é feito para estabelecer como as variáveis vão ser medidas, por outras palavras, a definição operacional permite-nos saber que instrumento ou ferramenta deve ser utilizado para obter resultados claros e precisos da variável (Arias Gonzáles e Covinos Gallardo, 2021) .

A Tabela 3 apresenta as definições conceptuais das variáveis envolvidas nesta investigação, que foram desenvolvidas com base nas opiniões dos autores citados neste documento e que se referem ao tema em questão.

3Quadro *Definições conceptuais das variáveis*

Variáveis	Definição concetual
Redução do consumo	Procedimentos preventivos e corretivos para erradicar ou reduzir o consumo de tabaco em pessoas classificadas como tendo um problema de tabagismo.
Bot para dispositivos móveis	Um Bot é um programa de software programado para executar tarefas fixas e repetitivas e interagir com humanos através de comandos de texto.

Nota: Elaborado pelos autores

As dimensões são definidas como as caraterísticas subdivididas da variável, (E. E. E. E. Freire, 2019) , as dimensões são abordadas tendo em consideração o contexto da investigação, bem como na definição concetual da variável (Arias Gonzáles e Covinos Gallardo, 2021) .

O s indicadores são as propriedades da variável a ser medida (E. E. E. E. Freire, 2019) , ou seja, são elementos determinados dentro das dimensões e expressam a realidade mensurável da variável (Baena Paz, 2017) .

4Quadro *Matriz de operacionalização das variáveis*

Variáveis	Dimensões	Indicadores	Escala	Artigos
Redução do consumo	Tratamento	Gestão do tempo	Ordinal	9

		Progresso geral		
		Redução do consumo por dia		
	Terapia	Terapias bem sucedidas		
		Zero terapias		
	Gestão do diário de bordo	Enchimento de toros		
		Extravio do diário de bordo		
Bot para dispositivos móveis	Funcionamento	Instalar o programa	Ordinal	13
		Pesquisa de contactos		
		Aspeto da interface gráfica		
		Periodicidade das informações recebidas		
	Desempenho	Tempo de resposta		
		Clareza da informação		
		Facilidade de utilização		
		Consumo de dados		
		Rapidez de execução		
	Informações	Ajuda no Bot		
		Sugestões recebidas		

Nota: Elaborado pelos autores

3.5 Declaração de hipótese.

Para Baena Paz (2017), operacionalmente a hipótese é uma resposta provisória à questão de investigação, neste sentido uma hipótese poderia ser considerada como uma proposição provisória, ou seja, uma suposição a ser verificada, outros autores como Hernández-Sampieri et al., (2018), consideram que "as hipóteses indicam o que estamos a tentar provar e são definidas como explicações provisórias do fenómeno sob investigação" (p. 104).

Noutro contributo, as hipóteses explicam tentativamente o problema de investigação sob a forma de afirmações que, posteriormente, apoiam a linha de estudo (Hernández-Sampieri e Mendoza Torres, 2018) . Ao formular as hipóteses, as seguintes diretrizes podem ser seguidas como uma verificação para garantir que são escritas corretamente:

- Devem ser apresentadas como uma declaração específica.
- O seu conceito deve ser claro.
- Isso pode ser verificado através de instrumentos.
- Deve ser específico em cenários tangíveis e com uma limitação lógica.
- Devem ser testáveis com técnicas de investigação. (Baena Paz, 2017)

.

Na sequência das considerações anteriores, as hipóteses da presente investigação, designadas por hipóteses de investigação ou hipóteses de trabalho, são apresentadas a seguir, referindo-se ao facto de a eficácia do tratamento estar diretamente relacionada com os processos associados ao tratamento contra o tabagismo:

HG. A utilização de um Telegram Bot aumenta o impacto na gestão dos pacientes em tratamento de cessação tabágica.

Como complemento adicional, também podem ser descritas hipóteses nulas, que são a parte oposta das hipóteses de pesquisa ou trabalho, são utilizadas para negar a afirmação das hipóteses de pesquisa, seguindo essa lógica, pode haver tantas variáveis nulas quanto variáveis de pesquisa (Hernández-Sampieri et al., 2018) , neste sentido as hipóteses nulas do presente trabalho são estabelecidas da seguinte forma:

Ho. A utilização de um Telegram Bot não aumenta o impacto na gestão da cessação tabágica.

À série de hipóteses acima também podem ser adicionadas as chamadas hipóteses alternativas, que são cenários alternativos aos expostos pelas hipóteses de pesquisa e pelas hipóteses nulas, oferecendo explicações diferentes das postuladas. As hipóteses alternativas podem ser formuladas quando realmente existem outras possibilidades, caso contrário não devem ser estabelecidas (Hernández-Sampieri e Mendoza Torres, 2018) . As seguintes hipóteses alternativas são estabelecidas como hipóteses alternativas neste estudo:

Ha. A utilização de um Telegram Bot aumenta parcialmente o impacto na gestão do tratamento do tabaco.

Ha1. A utilização de um Bot móvel permite uma avaliação semi-automatizada da viabilidade dos pacientes para verificar a sua elegibilidade para o tratamento anti-tabaco.

Ha2. A taxa de aceitação da utilização de um bot móvel para a gestão do tratamento do tabaco é significativamente aceitável.

Ha3. O nível de eficácia do tratamento para deixar de fumar é significativamente reduzido com a integração de um Bot para dispositivos móveis.

Ha4. A taxa de aceitação da utilização de uma plataforma baseada na Web para a gestão do tratamento do tabaco é significativamente aceitável.

3.6 População

Para dar sentido ao estudo do presente trabalho, é necessário um grupo chamado população, com o qual, através de certos procedimentos, são obtidas as informações que serão processadas posteriormente, Hernández-Sampieri et al, (2018), define-o como; "conjunto de todos os casos que correspondem a determinadas especificações" (p. 199), estas especificações serão um guia para a seleção de possíveis candidatos, para Arias González e Covinos Gallardo (2021), a população refere-se a "a população é a totalidade dos elementos do estudo, é delimitada pelo investigador de acordo com a definição que é formulada no estudo" (p. 113), da mesma forma que argumentam que a palavra população em termos de metodologia de investigação é sinónimo de universo.

3.7 Amostra

A amostra representa o conjunto de pessoas, indivíduos ou coisas que foram selecionados para a realização de um estudo, para o presente estudo foi realizada uma amostra não probabilística, também designada por amostra dirigida. Uma amostra não probabilística é uma seleção que não está sujeita à probabilidade, mas às caraterísticas e ao contexto da pesquisa, argumentada e apoiada pelo pesquisador, as amostras selecionadas também atendem a outros critérios (Hernández-Sampieri e Mendoza Torres, 2018) , a amostra em estudo neste estudo atendeu aos critérios estabelecidos no questionário "razões para o uso do tabaco", ver Anexo 1.

Do tipo de amostra não probabilística, foi utilizado o subtipo de amostragem por quotas, caracterizado por selecionar sujeitos que partilham caraterísticas comuns dentro do grupo ou universo populacional (Arias Gonzáles e Covinos Gallardo, 2021) . Os critérios de inclusão tidos em conta são os seguintes:

- Ter mais de 18 anos de idade.
- Aceitar voluntariamente participar no tratamento em conformidade com o regulamento do Centro de Integração de Jovens.
- Preencheram o questionário "Razões para o consumo de tabaco", obtendo uma pontuação determinada como válida pela equipa médica, com a qual o doente é considerado adequado para tratamento.
- Possuir ou ter acesso a um dispositivo móvel inteligente com um dos seguintes sistemas operativos; Android ou IOS, esse dispositivo

deve ter ligação à Internet quando quiser efetuar qualquer operação relacionada com o tratamento.

Os critérios de exclusão, para determinar quais os sujeitos que não correspondem às caraterísticas definidas pelo investigador, são os seguintes

- Aplicaram o questionário "Razões para o consumo de tabaco", obtendo uma pontuação determinada como inválida pela equipa médica, com a qual um doente é considerado inapto para tratamento.
- Participantes que não possuem ou não têm acesso a um dispositivo móvel inteligente com sistemas operativos Android ou IOS.
- Não ter mais de 18 anos de idade.
- Não aceitar voluntariamente o tratamento

3.8 Recolha de dados

Recolher dados significa aplicar um ou vários instrumentos de medição para recolher informação relevante sobre as variáveis do estudo na amostra ou casos selecionados (pessoas, grupos, organizações, processos, eventos, etc.). Os dados obtidos constituem a base da análise. Sem dados não há investigação. No entanto, para chegar a esta fase da via quantitativa, as hipóteses do estudo e as variáveis devem ter sido estabelecidas e definidas com precisão e clareza, tanto a nível concetual como operacional. Da mesma forma, na revisão da literatura, instrumentos ou formas de medir ou avaliar as variáveis propostas tiveram que ser detectados (Hernández-Sampieri e Mendoza Torres, 2018) .

3.8.1 Técnica de recolha de dados

O inquérito é uma ferramenta que é realizada através de um instrumento chamado questionário que será detalhado em parágrafos posteriores, é considerado dentro da categoria de técnicas de recolha de dados, está centrado nas pessoas e recolhe dados relacionados com as suas opiniões, comportamentos ou percepções da realidade. O inquérito tem resultados quantitativos ou qualitativos e é composto por perguntas numa ordem lógica estabelecida pelos investigadores (Arias Gonzáles e Covinos Gallardo, 2021) .

O inquérito é utilizado principalmente para obter dados numéricos e é uma técnica utilizada com bastante regularidade na investigação social e, ao longo do tempo, na investigação científica. Considera-se que todas as pessoas já participaram ou participarão num inquérito em algum momento das suas vidas (López-Roldán e Fachelli, 2015) .

Neste trabalho de investigação, foi utilizada a técnica de inquérito para recolher dados gerados pelos pacientes e terapeutas através de quatro questionários concebidos e adaptados com a ajuda de profissionais da área das dependências do Centro de Integração Juvenil de Zacatecas; estes questionários foram analisados através do Alfa de Cronbach para verificar a sua validade.

3.8.2 Instrumento de recolha de dados

O questionário é talvez o instrumento mais utilizado para a recolha de dados, um questionário é constituído por um conjunto de questões relativas a uma ou mais variáveis (Bourke et al., 2016) . É o instrumento por excelência nas técnicas de interrogação, é importante considerar a redação e a posição das perguntas selecionadas dentro do questionário (Baena Paz, 2017) .

Para a recolha dos dados associados a esta investigação, foram utilizados nesta tese quatro instrumentos do tipo questionário, concebidos, aprovados e validados para garantir a sua fiabilidade, que foram designados da seguinte forma e que se encontram também disponíveis na secção de Anexos do presente documento;

a) Questionário sobre os motivos do consumo de tabaco
b) Questionário de usabilidade do bot
c) Eficácia do tratamento
d) Usabilidade da plataforma web

Os questionários utilizados nesta investigação são considerados auto-administrados, uma vez que foram fornecidos diretamente aos participantes, bem como questionários fechados, uma vez que as respostas devem ser previamente estabelecidas, e politómicos, uma vez que têm três ou mais alternativas (Arias Gonzáles e Covinos Gallardo, 2021) .

3.8.3 Escalonamento

Na utilização de questionários, são implementados diferentes tipos de perguntas, por exemplo, perguntas diretas, fechadas, semi-fechadas ou abertas. Os questionários aplicados no presente estudo utilizam perguntas totalmente fechadas, pelo que é preferível utilizar uma escala que meça as atitudes das pessoas. A medição das atitudes é utilizada em vários domínios de investigação porque são úteis para medir as percepções de várias qualidades.

As atitudes estão relacionadas com a perceção pessoal de cada indivíduo e são influenciadas por conhecimentos ou experiências anteriores, um dos métodos mais conhecidos para medir por escalas as variáveis que constituem as atitudes são: o método de escala de Likert, o diferencial semântico e a escala de Guttman (Hernández-Sampieri e Mendoza Torres, 2018) .

O método de escala de Likert, utilizado na presente investigação, foi desenvolvido por Rensis Likert em 1932, e é considerado um método popular utilizado atualmente, consistindo num conjunto de itens ou perguntas concebidos para captar a perceção dos participantes, aos quais se pede que reajam. Por outras palavras, cada afirmação é apresentada ao sujeito e é-lhe pedido que expresse a sua reação escolhendo um dos cinco itens ou categorias da escala. A cada opção é atribuído um valor numérico e, no final, a pontuação total é obtida através da realização das somas correspondentes (Hernández-Sampieri e Mendoza Torres, 2018) .

Por outras palavras, este método implementa uma escala de classificação que é utilizada para questionar uma pessoa sobre o seu nível de concordância ou discordância com uma determinada situação, conhecendo assim o grau de concordância ou discordância (González Alonso e Pazmiño Santacruz, 2015) .

Os sujeitos respondem especificamente com base no seu nível de concordância ou discordância. As escalas de frequência de Likert utilizam formatos de resposta fixos e fechados que são utilizados para medir atitudes e opiniões. Estas escalas permitem determinar o nível de concordância ou discordância dos inquiridos (Matas, 2018).

As respostas podem conter diferentes níveis de medida, tais como 5, 7 e 9 itens, determinados como uma escala ímpar, ou 4, 6 e 8 itens determinados como uma escala par

As escalas com números ímpares oferecem aos participantes uma opção de opinião neutra, enquanto as escalas com números pares permitem uma tendência para respostas positivas ou negativas sem um meio-termo de seleção. Para os questionários utilizados nesta investigação, decidiu-se utilizar um conjunto de respostas com números pares, para forçar o inquirido a selecionar se concorda ou discorda, em vez de assumir uma posição neutra:

5Quadro *Exemplo de conceção de perguntas utilizando o método de escala de Likert*

Questão	Respostas possíveis	Valor atribuído
Sinto que fumar me dá paz de espírito	Nunca	1
	Raramente	2
	Ocasionalmente	3

	Seguido de	4
	Frequentemente	5
	Sempre	6

Nota: Elaborado pelos autores

3.8.4 Determinação da fiabilidade do instrumento

Existem numerosos procedimentos para calcular a fiabilidade ou fiabilidade de um instrumento de medição, a maioria utiliza fórmulas que determinam um coeficiente de fiabilidade expresso em valores que variam entre zero e um, em que zero significa fiabilidade zero e um representa a fiabilidade máxima; quanto mais próximo o valor for de zero, maior é o erro na medição.

Hernández-Sampieri et al., (2018), consideram que os procedimentos mais utilizados para determinar a fiabilidade de um instrumento são os seguintes: a) medida de estabilidade (fiabilidade teste-reteste), b) método de formas alternativas ou paralelas, c) método de split-halves e d) medidas de consistência interna. Alguns autores consideram que coeficientes de fiabilidade superiores a 95% podem implicar redundância de itens ou itens (Hernández-Sampieri e Mendoza Torres, 2018) .

Neste caso, foi selecionado o método de medidas de consistência interna para validar os instrumentos deste estudo, através do coeficiente alfa de Cronbach.

Os questionários utilizados neste estudo foram validados através da técnica do alfa de Cronbach, no âmbito do programa de análise estatística SPSS, que funciona através de medidas de consistência interna, o que permite estimar a fiabilidade de um instrumento de medida através de um conjunto de itens que se espera que meçam o mesmo constructo ou dimensão teórica. O coeficiente medido pelo alfa de Cronbach pressupõe que os itens que implementam uma escala de Likert medem o mesmo constructo e que estão altamente correlacionados (Frías-Navarro, 2022) .

Como critério geral, Gliem e Gliem (2003) sugerem as seguintes recomendações para a avaliação dos coeficientes alfa de Cronbach:

- O coeficiente alfa >.9 é excelente.
- Coeficiente alfa >.8 é bom
- O coeficiente alfa >.7 é aceitável.
- O coeficiente alfa >.6 é questionável.
- Coeficiente alfa >.5 é fraco
- O coeficiente alfa <.5 é inaceitável

3.8.4.1 Resultados da fiabilidade dos instrumentos utilizados.

A fiabilidade de um instrumento de medida utilizado na investigação refere-se ao grau em que a sua aplicação repetida conduz aos mesmos resultados (Hernández et al., 2016) , a fiabilidade refere-se à consistência ou estabilidade de uma medida. Uma definição técnica de fiabilidade que ajuda a resolver problemas teóricos e práticos é aquela que parte da investigação de quanto erro de medição existe num instrumento de medição, considerando tanto a variância sistemática como a variância devida ao acaso (Fred e Howard, 2002) .

Com base no exposto, os resultados obtidos relativamente à fiabilidade dos instrumentos, calculados com recurso ao programa estatístico SPSS, são apresentados a seguir.

3.8.4.2 Análise do questionário "Motivos para o consumo de tabaco".

Para o questionário 1 "Razões para o consumo de tabaco" (ver anexo 1), os resultados seguintes foram obtidos através da análise do alfa de Cronbach e, além disso, todos os 60 registos foram tidos em conta sem excluir nenhum, recorde-se que este questionário foi utilizado para determinar se um doente é adequado para o tratamento de cessação tabágica, a tabela 6 refere-se ao número de casos envolvidos neste caso 60, refere-se também ao facto de nenhum item ter sido excluído da análise.

6Quadro *Resumo do tratamento dos casos do questionário "Motivos para o consumo de tabaco".*

		N	%
Casos	Válido	60	100.0
	Excluído	0	.0
	Total	60	100.0

a. A eliminação por lista baseia-se em todas as variáveis do procedimento.

Nota: Elaborado pelos autores.

7Tabela *Alfa de Cronbach do questionário "Motivos para o consumo de tabaco".*

Estatísticas de fiabilidade

Alfa de Cronbach	N de elementos
.885	60

Nota: Elaborado pelos autores.

Tendo em conta os valores obtidos na Tabela 7, o valor mínimo aceitável para o coeficiente alfa de Cronbach é de 0,70, um valor inferior representa uma baixa consistência interna. Por outro lado, um valor ideal seria 0,90, sendo que um valor superior é considerado com redundâncias ou duplicações (Oviedo e Campo-Arias, 2005) .

Como se pode ver na tabela 8, todas as perguntas têm um Alfa de Cronbach individual superior a 0,8 e próximo de 0,9, o que indica que todas as perguntas são fiáveis e, além disso, a remoção de uma pergunta do questionário não afectaria a fiabilidade final do questionário.

8Quadro *Estatísticas sobre a eliminação de itens do questionário "Motivos para o consumo de tabaco".*

Estatísticas do elemento total				
	Média da escala se o elemento tiver sido removido	Desvio de escala se o elemento tiver sido suprimido	Correlação total dos itens corrigidos	Alfa de Cronbach se o item tiver sido removido
Pergunta1	85.1667	350.209	.538	.879
Pergunta2	84.2500	343.614	.539	.879
Pergunta3	84.6500	340.875	.636	.877
Pergunta4	84.9833	349.271	.566	.879
Pergunta5	84.7000	346.383	.493	.880
Pergunta6	84.0167	341.678	.604	.877
Pergunta7	84.4833	330.830	.731	.874
Pergunta8	84.9833	364.898	.228	.884
Pergunta9	84.4833	364.051	.247	.884
Pergunta10	84.4500	355.947	.520	.880

Pergunta11	84.6000	352.346	.370	.882
Pergunta12	85.1500	370.469	.044	.888
Questão13	85.2000	364.366	.176	.886
Questão14	84.9667	351.660	.503	.880
Pergunta15	84.7000	349.366	.452	.881
Pergunta16	84.1667	340.921	.552	.878
Pergunta17	84.6500	361.282	.255	.884
Pergunta18	84.6667	354.802	.421	.881
Pergunta19	84.6000	360.312	.226	.885
Pergunta20	84.8333	356.514	.366	.882
Pergunta21	84.9333	362.673	.235	.885
Pergunta22	84.3167	356.525	.336	.883
Pergunta23	84.5667	361.707	.239	.885
Pergunta24	84.8833	359.020	.331	.883
Pergunta25	84.5167	356.051	.325	.883
Pergunta26	84.1500	356.333	.324	.883
Pergunta27	84.9833	348.084	.546	.879
Pergunta28	84.9000	362.736	.244	.884
Questão29	84.4500	361.031	.247	.884
Questão30	84.3667	360.440	.254	.884
Questão31	84.8500	362.435	.175	.887
Pergunta32	84.7167	348.105	.489	.880
Pergunta33	84.5000	346.695	.506	.880
Pergunta34	84.7000	340.993	.648	.877
Questão35	85.1333	350.897	.513	.880

Nota: Elaborado pelos autores

Vale a pena mencionar que as respostas ao questionário anterior foram modificadas em relação ao original publicado no documento "Tratamiento para dejar de Fumar" (Tratamento para deixar de fumar) elaborado por Centros de Integración Juvenil página 28 (Chavez Vizuet, 2016) , no presente documento está marcado como Anexo 2.

O questionário original tem apenas 3 opções de resposta, ao passo que o questionário utilizado no presente estudo tem 6 opções, o que permite uma maior margem de decisão para cada doente e elimina a opção neutra, que obrigava os utilizadores a escolherem opiniões negativas ou positivas de forma fechada. Esta alteração foi recomendada pelas pessoas que geriam os tratamentos e as perguntas em causa permaneceram inalteradas.

As respostas ao questionário original são as seguintes:

1. Se fuma "muito frequentemente" por esse motivo
2. Se fuma "ocasionalmente" por essa razão
3. Se "nunca" fumou por essa razão

As utilizadas no presente documento são:

1. Se "nunca" fuma por essa razão
2. Se "Raramente" fuma por essa razão
3. Se fumar "ocasionalmente" por esse motivo
4. Se "Seguido" fumar por essa razão
5. Se fuma "frequentemente" por essa razão
6. Se fuma "sempre" por este motivo

3.8.4.3 Análise do questionário "Bot Usability".

Os resultados de fiabilidade obtidos a partir do alfa de Cronbach do questionário 2, denominado "Bot Usability Questionnaire" (Ver Anexo 2), são apresentados na tabela 9, que mostra a fiabilidade do instrumento utilizado para medir a usabilidade do Bot, além disso, todos os 60 registos foram tidos em conta sem excluir nenhum, recorde-se que este questionário foi utilizado para determinar o nível de usabilidade do Bot que foi utilizado como apoio no tratamento contra o tabagismo.

9Quadro *Resumo do tratamento dos casos do questionário "Bot Usability".*

		N	%
Casos	Válido	60	100.0
	Excluído	0	.0
	Total	60	100.0
a. A eliminação por lista baseia-se em todas as variáveis do procedimento.			

Nota: Elaborado pelos autores.

Como se pode ver no Quadro 10, todas as perguntas têm um Alfa de Cronbach superior a 0,9 e próximo de 0,95, o que indica que todas as perguntas são fiáveis e que a adição ou supressão de uma pergunta do questionário não afectaria a fiabilidade final do questionário

10Tabela *Alfa de Cronbach "Bot Usability Questionnaire".*

Estatísticas de fiabilidade	
Alfa de Cronbach	N de elementos
.952	13

Nota: Elaborado pelos autores

O coeficiente Alfa de Cronbach aplicado aos itens do instrumento foi calculado com o software SPSS e seu resultado é de 0,952, que segundo a interpretação de Oviedo e Campo (2005), há "redundância ou duplicação", pois está no intervalo 0,90-1. Assim, conclui-se que a consistência interna do instrumento utilizado poderá ter algumas duplicações nos itens propostos, sem afetar a sua viabilidade. A Tabela 11 apresenta as estatísticas correspondentes a cada um dos itens do questionário "Bot Usability".

11Quadro *Estatísticas sobre a eliminação de elementos*

Estatísticas do elemento total				
	Média da escala se o elemento tiver sido removido	Desvio de escala se o elemento tiver sido suprimido	Correlação total dos itens corrigidos	Alfa de Cronbach se o item tiver sido removido
Pergunta1	56.8500	217.452	.677	.950
Pergunta2	55.5833	207.603	.923	.943
Pergunta3	56.2333	211.979	.762	.948
Pergunta4	55.9500	212.353	.822	.946
Pergunta5	56.2667	213.284	.753	.948
Pergunta6	55.8833	209.630	.909	.944
Pergunta7	57.1000	218.668	.437	.961
Pergunta8	55.7500	209.852	.905	.944
Pergunta9	56.1167	212.037	.850	.946
Pergunta10	56.2833	212.817	.857	.945
Pergunta11	56.1833	212.356	.832	.946
Pergunta12	57.1333	220.287	.559	.954
Questão13	56.2667	214.504	.768	.948

Nota: Elaborado pelos autores.

3.8.4.4 Análise do questionário "Eficácia do tratamento

Resultados obtidos a partir do questionário 3 "Eficácia do tratamento" (ver anexo 3), as tabelas 12 e 13 mostram o valor do alfa de Cronbach para o questionário utilizado para medir a eficácia do tratamento e os seus itens, respetivamente. Este questionário tem o valor mais baixo do alfa de Cronbach porque foi preenchido exclusivamente por terapeutas que, na sua ânsia de manter a privacidade dos dados dos pacientes, podem ter enviesado as respostas, mesmo assim, o valor do alfa de Cronbach do questionário é fiável, uma vez que se encontra no intervalo considerado bom.

12Tabela *Alfa de Cronbach "Treatment Effectiveness Questionnaire".*

Estatísticas de fiabilidade	
Alfa de Cronbach	N de elementos
.825	9

Nota: Elaborado pelos autores

Os resultados obtidos, descritos no Quadro 13, produziram um Alfa de Cronbach superior a 0,8; do número total de itens enumerados, apenas três são inferiores a 0,8, se o item em questão for retirado, o que indica que a fiabilidade se situa no intervalo de Aceitável e Bom a entre 0,8 e 0,9 (Gliem e Gliem, 2003).

13Quadro *Estatísticas sobre a eliminação de elementos*

Estatísticas do elemento total				
	Média da escala se o elemento tiver sido removido	Desvio de escala se o elemento tiver sido suprimido	Correlação total dos itens corrigidos	Alfa de Cronbach se o item tiver sido removido
Pergunta1	23.2667	69.623	.605	.798
Pergunta2	22.9167	70.722	.548	.805
Pergunta3	22.9667	74.168	.361	.827
Pergunta4	23.2333	67.436	.589	.800
Pergunta5	22.7333	66.945	.591	.799
Pergunta6	23.0333	69.660	.514	.809
Pergunta7	23.2833	71.766	.556	.805
Pergunta8	23.2167	67.868	.596	.799
Pergunta9	23.4833	78.695	.414	.820

Nota: Elaborado pelos autores.

A Tabela 14 refere-se ao número de casos envolvidos neste caso 60, referindo também o facto de nenhum elemento ter sido excluído da análise.

14Quadro *Resumo do tratamento dos casos do questionário "Eficácia do tratamento*

		N	%
Casos	Válido	60	100.0
	Excluído	0	.0
	Total	60	100.0
a. A eliminação por lista baseia-se em todas as variáveis do procedimento.			

Nota: Elaborado pelos autores

3.8.4.5 Análise do questionário "Usabilidade da plataforma Web".

Os resultados obtidos a partir do questionário 4 "Usabilidade da plataforma Web" (ver anexo 4) são apresentados nas tabelas 15 e 16, onde se expressa o valor do alfa de Cronbach do questionário completo da tendência para eliminar um item, este questionário foi resolvido exclusivamente por terapeutas que, na sua ânsia de manter a privacidade dos dados dos pacientes, poderiam ter enviesado as respostas, Ainda assim, o valor do alfa de Cronbach do questionário é fiável, uma vez que se situa no intervalo considerado bom. A Tabela 15 refere-se ao número de casos envolvidos neste caso 5, bem como ao facto de nenhum item ter sido excluído da análise.

15Quadro *Resumo do tratamento dos casos do questionário "Usabilidade da plataforma Web".*

		N	%
Casos	Válido	5	100.0
	Excluído	0	.0
	Total	5	100.0

a. A eliminação por lista baseia-se em todas as variáveis do procedimento.

Nota: Elaborado pelos autores.

A Tabela 16 mostra o valor do Alfa de Cronbach acima de 0,85 e próximo de 0,90, o que indica que todas as perguntas são fiáveis e que a remoção de uma pergunta do questionário não afectaria a fiabilidade final do questionário.

16Tabela *Alfa de Cronbach "Questionário de usabilidade da plataforma Web".*

Estatísticas de fiabilidade	
Alfa de Cronbach	N de elementos
.908	10

Nota: Elaborado pelos autores

A Tabela 17 mostra as estatísticas para cada um dos itens do questionário "Bot Usability" e a medida de consistência interna para cada uma das perguntas.

17Quadro *Estatísticas sobre a eliminação de elementos*

Estatísticas do elemento total				
	Média da escala se o elemento tiver sido removido	Desvio de escala se o elemento tiver sido suprimido	Correlação total dos itens corrigidos	Alfa de Cronbach se o item tiver sido removido
Pergunta1	40.2000	68.700	.853	.886
Pergunta2	40.6000	75.800	.477	.913
Pergunta3	40.0000	80.000	.386	.915
Pergunta4	39.8000	69.200	.761	.893
Pergunta5	39.6000	81.300	.394	.913
Pergunta6	40.0000	81.500	.404	.912
Pergunta7	39.6000	72.300	.882	.887

Pergunta8	39.8000	71.700	.917	.885
Pergunta9	39.0000	72.500	.743	.894
Pergunta10	39.2000	69.200	.982	.880

Nota: Elaborado pelos autores

3.8.5 Determinação da validade do instrumento

A validade determina o nível em que um instrumento mede uma ou várias variáveis que se pretende medir, analisando também se o instrumento define efetivamente o conceito da variável através dos seus indicadores. A validade é uma caraterística que todo instrumento de medição deve alcançar (Hernández-Sampieri e Mendoza Torres, 2018) . Neste ponto, a validade teria de responder à pergunta; a medir o que pensa que está a medir, se a resposta for afirmativa, o instrumento que mede a referida variável é válido, (Kerlinger, 1979) . Deve também verificar se e como esta variável foi medida por outros investigadores, a fim de selecionar cuidadosamente os itens.

Para validar os instrumentos utilizados nesta pesquisa, foi utilizado o método denominado validade de construto, que consiste em tomar os dados obtidos para estabelecer as relações entre as variáveis em estudo e, assim, determinar a existência de possíveis construtos que sustentem o desenho dos instrumentos. Esses procedimentos são realizados com técnicas estatísticas multivariadas (Pulido, 2018) .

Os procedimentos acima referidos permitem organizar, delimitar e apresentar as variáveis e os respectivos dados numa estrutura visual mais acessível. O método utilizado para determinar número de factores e a natureza de um grupo de constructos subjacentes em relação a um conjunto de medidas relativas a um grupo de variáveis é conhecido como análise fatorial exploratória.

Para realizar uma análise fatorial, existem vários testes disponíveis, entre quais se destacam: o determinante da matriz de correlação, a esfericidade de Bartlett, o índice de Kaiser Meyer e Olkin (KMO). Dito isto, alguns autores sugerem a realização de pelo menos dois dos testes acima referidos para determinar se algum deles apresenta algum grau de correlação e considerar que faz sentido efetuar a análise (Martínez e Sepúlveda, 2012) .

Neste estudo foi determinada a utilização do teste de Esfericidade de Bartlett e do teste de Kaiser-Meyer-Olkin (KMO) para determinar a validade dos instrumentos utilizados. O teste de Esfericidade de Bartlett determina através de valores elevados de x2 (qui-quadrado) o seu valor de significância, isto implica a existência de correlações elevadas, este teste é significativo se os valores obtidos forem inferiores a 0,000 ou 0,050 ou 0,010, com um nível de confiança de 95% e 99%, respetivamente (Crismán-Pérez e Núñez-Vázquez, 2015) .

O teste KMO é uma medida da adequação dos dados à análise fatorial. O teste mede o ajuste da amostragem para cada variável, a estatística utilizada é uma medida da proporção de variância entre variáveis que poderiam partilhar uma variância. O valor obtido através do teste KMO pode variar entre 0 e 1, a obtenção de um valor próximo de zero não suporta ou apoia a análise fatorial, valores abaixo de 0,70 são considerados desfavoráveis, enquanto valores entre 0,70 a 0,79 são considerados justos, entre 0,80 a 0,89 são considerados meritórios, e 0,90 a 1 maravilhoso (Caballo Trebol, 2013) .

Outros autores admitem e consideram valores entre 0,6 e 0,69 como os valores mínimos aceitáveis de KMO, valores abaixo de 0,6 indicam que a amostragem não é adequada e que devem ser tomadas medidas corretivas (Vogt e Johnson, 2015) . Outros consideram que o valor mínimo para o KMO poderia ser 0,5, e determinam que cada investigador deve aplicar o seu próprio julgamento se se deparar com esta gama de valores (Suárez, 2007) .

3.8.5.1 Resultados sobre a validade dos instrumentos utilizados.

Seguindo as recomendações da secção anterior, a validade dos instrumentos foi realizada utilizando o programa estatístico SPSS através de uma análise de dimensões, que se descrevem a seguir; para o questionário "Motivos para o consumo de tabaco", foram determinadas as seguintes dimensões: sensação, apreciação, instinto, comportamento. Para o questionário "Usabilidade do Bot" foram consideradas as seguintes dimensões: funcionamento, desempenho e informação. Para o questionário "Eficácia do tratamento", foram identificadas as seguintes dimensões: tratamento, terapia, gestão do diário de bordo e, finalmente, para o questionário "Usabilidade da plataforma Web", foram selecionadas as seguintes dimensões: interface, funcionalidade, desempenho.

Para o questionário "Usabilidade da plataforma Web", as medidas de Kaiser-Meyer-Olkin (KMO) produziram um valor de 0,574, considerado como um valor mínimo aceitável, e o teste de esfericidade de Bartlett, com um nível de significância de 0,000, foi considerado válido. Os resultados deste estudo indicam que o instrumento tem uma boa validade de constructo, resultados estes expressos na tabela 18.

18Tabela *Valores KMO e teste de esfericidade de Bartlett do questionário "Usabilidade da plataforma Web".*

KMO e teste de Bartlett		
Medida de adequação da amostragem de Kaiser-Meyer-Olkin		.574
Teste de esfericidade de Bartlett	Qui-quadrado aproximado	131.585
	gl	45
	Sig.	.000

Nota: Elaborado pelos autores.

Para o questionário "Bot Usability", as medidas de Kaiser-Meyer-Olkin (KMO) apresentaram um valor de 0,603, excedendo o valor mínimo aceitável, e o teste de esfericidade de Bartlett, com um nível de significância de 0,001, foi considerado válido. Os resultados deste estudo indicam que o instrumento tem uma boa validade de constructo, estes resultados são expressos na tabela 19.

19Tabela Valores KMO e teste de esfericidade de Bartlett do questionário "Bot Usability".

KMO e teste de Bartlett		
Medida de adequação da amostragem de Kaiser-Meyer-Olkin		.603
Teste de esfericidade de Bartlett	Qui-quadrado aproximado	121.465
	gl	78
	Sig.	.001

Nota: Elaborado pelos autores.

Para o questionário "Motivos de consumo", as medidas de Kaiser-Meyer-Olkin (KMO) produziram um valor de 0,571, excedendo o valor mínimo aceitável, e o teste de esfericidade de Bartlett ao nível de significância de 0,000 foi considerado válido, ambos os valores mostraram que as amostras satisfaziam os critérios para a análise fatorial. Os resultados deste estudo indicam que o instrumento tem uma boa validade de constructo, resultados estes expressos na tabela 20.

20Tabela Valores KMO e teste de esfericidade de Bartlett do questionário "Motivos de consumo".

KMO e teste de Bartlett		
Medida de adequação da amostragem de Kaiser-Meyer-Olkin		.571
Teste de esfericidade de Bartlett	Qui-quadrado aproximado	1170.103
	gl	595
	Sig.	.000

Nota: Elaborado pelos autores.

Para o questionário "Motivos de consumo", as medidas de Kaiser-Meyer-Olkin (KMO) apresentaram um valor de 0,846, excedendo o valor mínimo aceitável, e o teste de esfericidade de Bartlett, com um nível de significância de 0,000, foi considerado válido, ambos os valores mostraram que as amostras cumpriam os critérios para a análise fatorial. Os resultados deste estudo indicam que o instrumento tem uma boa validade de constructo, estes resultados estão expressos na tabela 21.

21Tabela Valores KMO e teste de esfericidade de Bartlett do questionário "Motivos de consumo".

KMO e teste de Bartlett		
Medida de adequação da amostragem de Kaiser-Meyer-Olkin		.846
Teste de esfericidade de Bartlett	Qui-quadrado aproximado	145.406
	gl	36
	Sig.	.000

Nota: Elaborado pelos autores.

Uma vez feito isto, a objetividade de cada um dos instrumentos foi avaliada em cada um dos domínios abrangidos.

3.8.6 Determinação da objetividade do instrumento

O termo objetividade em relação à pesquisa quantitativa, diz respeito a um padrão associado à forma como os fenómenos são capturados na realidade, do ponto de vista das pessoas pode ser um processo complicado para alcançar tal compreensão, às vezes é alcançado através do consenso entre os pesquisadores ou fazendo múltiplas medições (Hernández-Sampieri e Mendoza Torres, 2018) .

3.8.6.1 Resultados da objetividade dos instrumentos utilizados.

Apoiando-se na objetividade, experiência e profissionalismo dos terapeutas, pessoal médico e outros especialistas de saúde envolvidos no tratamento, determinou-se que os instrumentos utilizados nesta investigação cumprem a sua finalidade de medir, definir e avaliar o objeto a avaliar, bem como cumprem os elementos de controlo desta medição, de modo a identificar as variáveis externas que afectam os resultados e que tanto o ambiente como os envolvidos não interferem nos resultados da investigação.

3.9 Análise dos dados

A análise de dados é a ciência que consiste em examinar um conjunto de dados com o objetivo de tirar conclusões sobre a informação para tomar decisões ou simplesmente para expandir o conhecimento sobre vários tópicos.

A análise dos dados consiste em vários testes e operações sobre a informação recolhida, com o objetivo de obter conclusões precisas que ajudem a atingir os objectivos propostos. Uma implementação com escalas do tipo Likert apoia o trabalho para realizar análises para variáveis ordinais (não paramétricas), intervalares (paramétricas) e, no final, verificar a sua coincidência (Hernández-Sampieri e Mendoza Torres, 2018) .

No presente trabalho e apoiado na estatística inferencial, foram realizados seguintes testes paramétricos; coeficiente de correlação de Pearson e regressão linear, para determinar se existe alguma correlação positiva, negativa ou neutra entre as variáveis expostas neste estudo, para além dos testes básicos da estatística descritiva, Hernández-Sampieri et al, (2018) sugerem que, quando se utilizam escalas do tipo Likert, se implementem análises tanto para variáveis ordinais como para variáveis intervalares e, de seguida, se verifique a sua coincidência, ou seja, se utilizem os coeficientes de Pearson e de Spearman e se contrastem os resultados

O coeficiente de correlação de Pearson é um teste estatístico utilizado para analisar a relação entre duas variáveis, é calculado a partir das pontuações obtidas através do instrumento numa amostra de duas variáveis, dependendo do resultado, o coeficiente r de Pearson pode variar entre -1,00 e +1,00, a tabela 22 descreve os diferentes níveis de correlação possíveis.

22Tabela *Níveis de correlação de Pearson*

Nível de correlação	Interpretação da correlação
-1.00	Correlação negativa perfeita ("Quanto maior X, menor Y" ou vice-versa).
-0.90	Correlação negativa muito forte
-0.75	Correlação negativa significativa
-0.50	Correlação negativa média.
-0.25	Correlação negativa fraca.
-0.10	Correlação negativa muito fraca.
0.00	Não existe correlação entre as variáveis.
+0.10	Correlação positiva muito fraca.
+0.25	Correlação positiva fraca.
+0.50	Correlação média positiva.
+0.75	Correlação positiva significativa.
+0.90	Correlação positiva muito forte
+1.00	Correlação positiva perfeita ("Quanto maior X, maior Y" ou vice-versa).

Nota: Adaptado de Hernández-Sampieri et al., (2018).

A regressão linear é outro modelo estatístico utilizado para estimar o efeito de uma variável sobre outra, quanto maior for a correlação, melhor será a previsão. Para a sua interpretação, a regressão linear é descrita a partir da elaboração de um diagrama de dispersão, que é útil para visualizar graficamente uma correlação (Hernández-Sampieri et al., 2018) .

Por último, os coeficientes de correlação de Spearman e de Kendall para variáveis ordinais de postos ordenados são medidas de correlação para variáveis a um nível ordinal de medida, estes coeficientes são utilizados sobretudo para associar estatisticamente escalas do tipo Likert, para analisar os resultados utilizam-se os coeficientes rs e t, ambos os coeficientes variam entre -1.+0 identificado como uma correlação negativa perfeita a 1,0 identificado como uma correlação positiva perfeita, tomando 0 como uma ausência de correlação, para valores intermédios a sua significância é interpretada como o coeficiente de Pearson (Hernández-Sampieri e Mendoza Torres, 2018) .

3.9.1 Software para análise estatística

O SPSS (Superior Performing Software Systems) é um pacote de software estatístico abrangente e relativamente fácil de utilizar, popular em áreas como a economia e as ciências sociais (Pedroza e Dicovskyi, 2007)

Este programa é compatível com vários sistemas operativos, é um software utilizado para a captura e análise de dados e também na criação de tabelas e gráficos com dados complexos, é utilizado para realizar análises estatísticas descritivas e bivariadas, regressão, análise fatorial, representação gráfica de dados, entre outros. Foi inicialmente concebido para trabalhar com investigação relacionada com as ciências sociais, mas foi posteriormente implementado numa grande variedade de áreas de investigação (Frías-Navarro, 2014) .

CAPÍTULO IV ANÁLISE E INTERPRETAÇÃO DOS RESULTADOS

Os resultados de qualquer investigação são uma parte fundamental da mesma, uma vez que são eles que dão firmeza e peso às hipóteses com o único objetivo de as validar. O objetivo da secção de resultados é apresentar toda a informação importante obtida ao longo do estudo, apresentando uma sequência lógica na redação e organização da informação, o investigador deve relatar de forma clara e imparcial os dados obtidos.

Uma das necessidades primordiais em toda a investigação é a exigência de um processamento claro da informação para poder interpretar o objeto de investigação e alcançar resultados adequados (Baena Paz, 2017) .

Neste capítulo e para este estudo, apresenta-se a análise dos resultados encontrados com a recolha de dados através do Bot e de algumas outras ferramentas tecnológicas por meio de instrumentos específicos para cada segmento, e posteriormente processados com o software SPSS. Assim, será avaliada a usabilidade tanto do Bot como da plataforma web de apoio, a eficácia do tratamento anti-tabágico e a relevância de um paciente estar apto ou não a fazer o tratamento, para além disso, será também analisada correlação entre as variáveis expostas

Para compreender o contexto dos resultados a apresentar, será feita uma breve recapitulação do ambiente em que e como o estudo foi realizado. O tratamento contra o tabagismo é um serviço prestado pelos Centros de

Integração Juvenil, dentro do procedimento existe um ponto em que os pacientes registam os seus hábitos de consumo em folhas de papel como registos diários, mas estes são facilmente perdidos ou esquecidos e são um método pouco prático quando os transportam consigo para todo o lado, razão pela qual o médico responsável não pode acompanhar os hábitos de consumo dos pacientes e, portanto, não pode determinar um diagnóstico e tratamento atempados.

Um dispositivo móvel é uma ferramenta que a maioria das pessoas pode adquirir e manipular. Além disso, considera-se que as pessoas estão familiarizadas com as aplicações de mensagens instantâneas, que são um meio de comunicação interpessoal muito utilizado hoje em dia. Por conseguinte, uma aplicação capaz de registar os acontecimentos diários relacionados com o consumo de tabaco numa aplicação de mensagens é muito útil e constitui um complemento ideal para um tratamento anti-tabagismo mais eficaz.

Antes de começar com a apresentação dos resultados, vamos descrever brevemente as partes mais importantes do Bot desenvolvido por Velázquez Macias et al. (2017), implementado como um suporte no tratamento contra o tabagismo.

4.1 Requisitos Requisitos funcionais do Bot

Os principais requisitos para o correto funcionamento do Bot incluem as seguintes questões do lado do cliente ou do utilizador;

- Dispositivo móvel com um sistema operativo moderno baseado em Android, IOS, Windows Phone ou qualquer navegador Web moderno compatível com Windows, Linux ou Mac.
- Aplicação Telegram instalada.
- Ligação à Internet WIFI ou através de dados móveis.

As questões que se seguem são consideradas como os principais requisitos do lado do servidor;

- Sistema operativo Windows, Linux ou Mac
- Software de programação Python corretamente configurado.
- Script de código escrito em Python, executado indefinidamente numa máquina local, que ouve os pedidos dos clientes e armazena os registos enviados por estes numa base de dados para serem consultados posteriormente.
- Ligação permanente e estável à Internet.

4.1.1 Funcionalidade Lógica do robot

Baseado numa arquitetura cliente-servidor, a aplicação principal corre num sistema capaz de executar aplicações escritas na linguagem de programação Python implementadas nas bibliotecas do Telepot, o código fonte do Bot pode ser encontrado no apêndice A deste documento, a interação cliente-servidor é conseguida através de mensagens de texto enviadas pela internet através da aplicação Telegram, a figura 5 mostra o funcionamento lógico que acompanha o funcionamento do Bot.

5Figura *Diagrama da operação lógica que suporta o Bot*

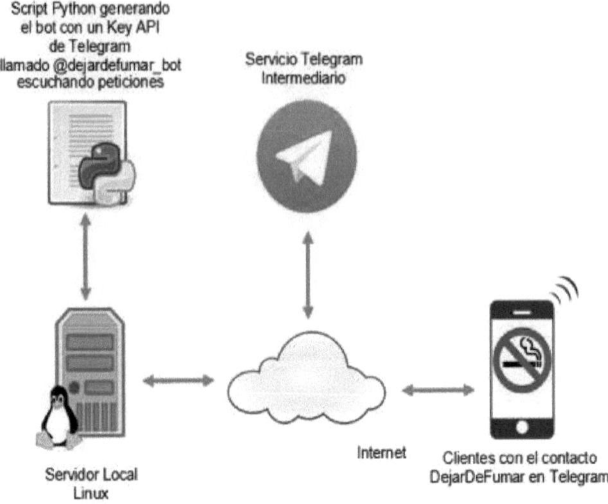

Nota: Retirado de (Velázquez Macias et al., 2017, p.x. 58).

A interação cliente-servidor, as mensagens, as suas respostas e o corpo dos textos apresentados pelo Bot baseiam-se no material dos Centros de Integración Juvenil para el tratamiento de las adicciones (Centros de Integração Juvenil para o tratamento das dependências).

4.1.2 Execução e implementação do Bot

Após adicionar como contacto o Bot chamado @dejardefumar_bot identificado pela sinalização internacional "no smoking", a primeira mensagem é enviada automaticamente do telefone do utilizador para o Bot, ou seja, de um cliente para o servidor, o comando padrão ao iniciar um Bot no Telegram é "/start", o servidor responde imediatamente com uma primeira mensagem, neste caso do lado do servidor com um texto de boas vindas, É comum atribuir um nome ao Bot para simular uma conversa mais natural, complementando a mensagem de boas-vindas inclui-se também um menu de opções para ajudar nos comandos suportados pelo Bot, que está representado na Figura 6, estes dois elementos servem de instrução à comunicação a efetuar entre o utilizador ou paciente em tratamento e o Bot.

6Figura Captura *de ecrã da mensagem de boas-vindas e de ajuda*

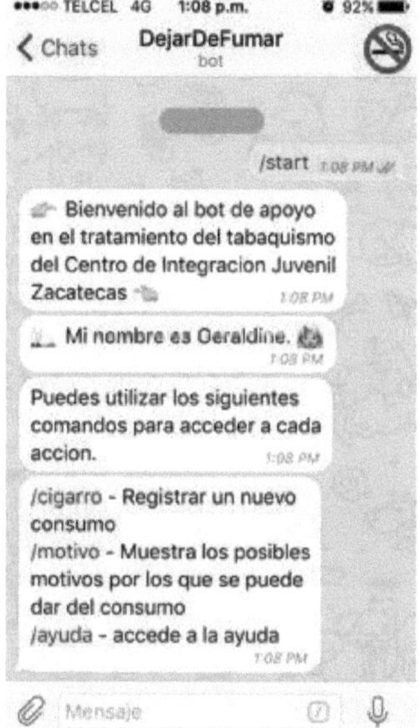

Nota: Retirado de (Velázquez Macias et al., 2017, p.x. 59).

Outra função principal do Bot, como mostra a Figura 7, é registar o consumo de tabaco do doente, dando a oportunidade de selecionar a razão pela qual um cigarro foi aceso, bem como alguns outros dados que ajudam o pessoal médico a tomar certas decisões relativas ao tratamento do doente.

7Figura Captura *de ecrã dos registos de consumo*

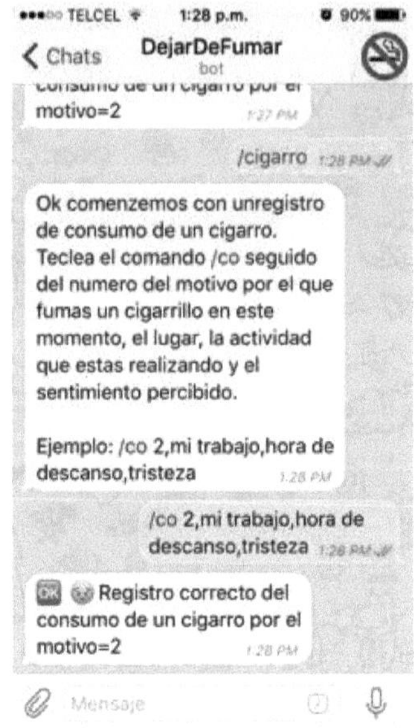

Nota: Retirado de (Velázquez Macias et al., 2017, p.x. 59).

Quando um registo é recebido através do comando "/co", é armazenado numa base de dados alojada no servidor, podendo posteriormente os registos e as suas propriedades ser consultados pelo terapeuta ou pelo pessoal médico especializado. O quadro 23 mostra o formato dos registos e dos seus atributos e a forma como são armazenados na base de dados:

23Quadro *Registo dos consumos na base de dados*

Consumo_id	Id_chat	Data e hora	Motivo	Local	Atividade	Sentimento
1	22345	12/12/2017 12:23	2	Automóvel	Tempo de pausa	Raiva

2	24598	12/12/2017 14:23	3	Casa	Depois do almoço	Tristeza

Nota: Adaptado de Velázquez Macías et al., (2017).

Outra opção principal representada na figura 8 é a de iniciar o questionário que serve de base para o início do tratamento de cessação tabágica, que pode ser invocado com a opção "/questionário", este questionário serve de base para determinar se um doente é adequado para o tratamento de acordo com os resultados do questionário.

8Figura Captura *de ecrã do início do questionário sobre os motivos para fumar*

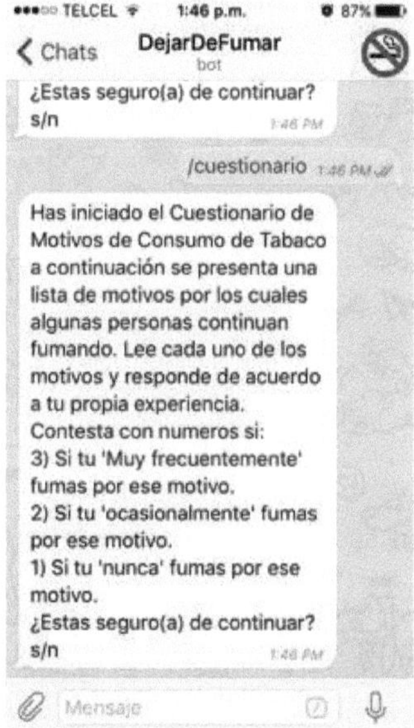

Nota: extraído de (Velázquez Macias et al., 2017, p.x. 60).

Como opção de reforço para o tratamento, exemplificada na Figura 9, mostra-se como o Bot é capaz de enviar dicas complementares autorizadas por especialistas de saúde que também argumentam que podem servir para evitar ou reduzir o consumo de tabaco, estas mensagens são enviadas aleatoriamente e podem ser programadas com uma certa frequência

9Figura *Captura de ecrã com dicas enviadas periodicamente do servidor para cada um dos clientes.*

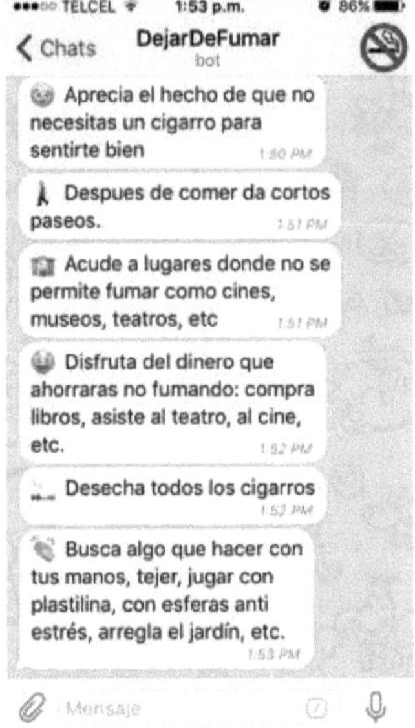

Nota: extraído de (Velázquez Macias et al., 2017, p.x. 60).

Estas mensagens são validadas de acordo com o Anexo 3 do Manual de Implementação "Tratamento para a Cessação do Tabagismo" desenvolvido pelos Centros de Integração Juvenil e pela Direção de Tratamento e Reabilitação (Chavez Vizuet, 2016) .

De acordo com a opinião dos especialistas, pode ser configurado um maior número de dicas entre as disponíveis no Bot, de forma a aumentar a variedade de informação. Adicionalmente, como parte do processo natural de interação, o Bot responde a determinadas mensagens, por exemplo, "bom dia", "boa noite", "obrigado", entre outras.

Ao cometer erros na digitação de comandos ou ao enviar comandos não reconhecidos, o Bot tem um sistema de tratamento de erros que responde quando o servidor não conhece um comando com um texto alternativo, como mostra a Figura 10.

10Figura *Captura de ecrã com mensagens de saudação e alternativas*

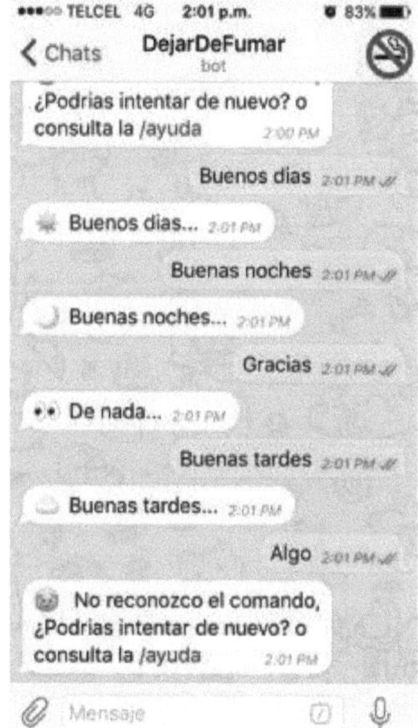

Nota: Retirado de (Velázquez Macias et al., 2017, p.x. 61).

4.2 Funcionamento do sítio Web de consulta

Para apoiar a consulta dos registos dos pacientes, foi concebido um sítio Web simples que foi posto à disposição dos terapeutas, atribuindo-lhes nomes de utilizador e palavras-passe, para que pudessem fazer um acompanhamento personalizado de cada paciente.

O acompanhamento individualizado e a interpretação dos registos gerados pelo paciente foram deixados ao terapeuta designado, pelo que esses resultados estão fora do âmbito deste artigo.

Note-se que todos os nomes dos doentes foram associados a identificadores numéricos, a fim de proteger a sua identidade e privacidade.

Ao adicionar o contacto @dejardefumar_bot na aplicação de mensagens Telegram, descrita na secção anterior, os algoritmos do programa atribuem um identificador de chat único e irrepetível a cada paciente, este identificador, designado na base de dados como "id_chat", é atribuído ao ficheiro do paciente pelo terapeuta, que é o único que sabe a quem pertence este identificador.

Dentro do site, o terapeuta podia fazer vários tipos de consultas, incluindo: pesquisa por identificador de chat, pesquisa por local de consumo, pesquisa por sentimento, pesquisa por data e hora de registo, entre outras, para além de ter a possibilidade de gerar ficheiros de acordo com as consultas efectuadas em formato PDF ou em formato de ficheiro Excel, para além de poder imprimir diretamente os resultados para uma maior compreensão e posterior interpretação, a captura do ecrã principal da interface Web que inclui todas as opções que suporta e mostra todos os seus componentes gráficos que servem de apoio ao tratamento contra o tabagismo é mostrada na figura 11.

11Figura *Consumo Ecrã da página de consulta de registo*

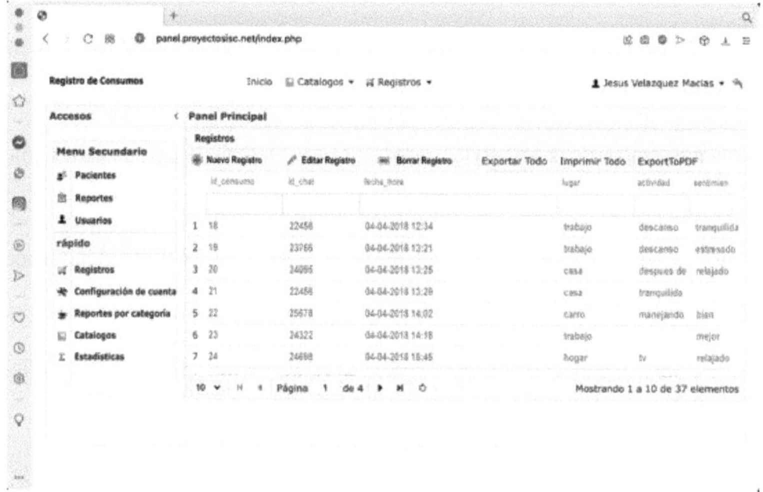

Nota: Elaboração própria.

Dentro do site, o terapeuta pôde fazer vários tipos de consultas, nomeadamente: por identificador de chat, por local de consumo, por sentimento, por data e hora de registo, entre outros, bem como ter a possibilidade de gerar ficheiros de acordo com as consultas efectuadas em formato PDF, ou imprimir diretamente os resultados para uma maior compreensão e posterior interpretação.

Esta ferramenta permitiu ao terapeuta facilitar o diagnóstico e a determinação do melhor tratamento de acordo com as caraterísticas e os comportamentos de consumo de cada paciente, esta informação é de carácter privado e não está disponível, pelo que está fora do âmbito deste documento.

4.3 Método de trabalho tradicional

O tratamento do tabagismo é um serviço prestado pelos Centros de Integração Juvenil e, no âmbito do procedimento, existe um ponto em que os pacientes registam os seus hábitos tabágicos em folhas de papel sob a forma de registos diários, mas estes são facilmente perdidos ou esquecidos e são um método pouco prático para transportar consigo, razão pela qual o médico responsável não pode acompanhar os hábitos tabágicos dos pacientes e, por conseguinte, não pode determinar um diagnóstico e um tratamento atempados.

Um dispositivo móvel é uma ferramenta que a maioria das pessoas pode adquirir e manipular, a maioria está familiarizada com aplicações de mensagens instantâneas, pelo que uma aplicação capaz de registar esses eventos de consumo numa aplicação de mensagens é muito útil e constitui um complemento ideal para gerir mais eficazmente o seu tratamento do tabagismo.

A investigação foi realizada no Centro de Integración Juvenil de Zacatecas, a recolha de dados consistiu num questionário inicial (ver Anexo 1) para determinar se uma pessoa é ou não elegível para participar no estudo, e depois num outro questionário para determinar a eficácia do Bot.

4.4 Interpretação dos resultados obtidos

Nesta secção são apresentados os resultados obtidos a partir dos métodos e técnicas de investigação descritos anteriormente, segundo Baena Paz (2017), "as novas necessidades da investigação exigem um tratamento da informação claro, compreensível e eficaz para poder interpretar a realidade investigada e ter resultados adequados" (p. 110). Hernández-Sampieri et al. (2018), por sua vez, são da opinião de que "Uma vez que os dados tenham sido codificados, transferidos para uma matriz, guardados num ficheiro e "limpos" de erros, o investigador procede à sua análise" (p. 272).

4.4.1 Trabalhos preliminares para a recolha da amostra

Para selecionar os candidatos a participar na investigação, foi utilizado um questionário previamente concebido pelos Centros de Integração Juvenil, denominado "Cuestionario de Motivos de consumo de tabaco", a fim de determinar se uma pessoa é adequada para iniciar o tratamento.

O Bot foi utilizado para que os pacientes respondessem ao questionário de forma digital e a partir dos seus dispositivos móveis, o objetivo era reunir pelo menos 60 pacientes, este número foi determinado de acordo com os registos de anos anteriores em que aproximadamente é o número de pessoas que fazem este tipo de tratamento por ano nesse centro, de acordo com a opinião do pessoal comissionado nesse centro.

A figura 12 mostra os resultados obtidos por cada paciente, os quais, na opinião dos terapeutas e com base nos manuais de operação, determinam se são ou não candidatos ao tratamento. Foi estabelecido um intervalo médio de 1,5 a 6,0 para os candidatos viáveis e de 1 a 1,49 para os candidatos não viáveis:

12Figura *Gráfico de dispersão da pontuação média por paciente no questionário de motivos de consumo.*

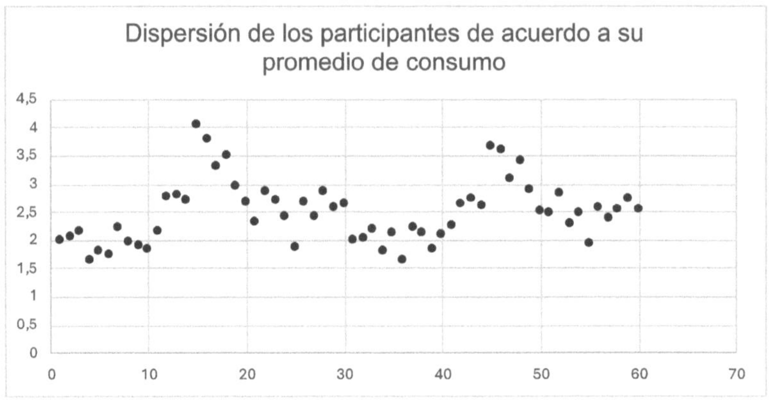

Nota: Elaboração própria (Velázquez, 2022).

Perante estes resultados, a tendência confirma e concorda com o estudo de Velázquez-Altamirano e Córdoba-Alcaráz (2020), intitulado "Avaliação da clínica de cessação tabágica do CIJ", no qual constataram a necessidade de incluir um maior número de pacientes de diferentes áreas geográficas, níveis socioeconómicos e idades, não só para enriquecer as experiências e diagnósticos individuais, mas também para ter uma maior cobertura do que nos anos anteriores.

Os picos superiores observados na Figura 12 representam as pessoas com o hábito tabágico mais enraizado e os picos inferiores representam as pessoas com o hábito menos enraizado. Observa-se também que a maioria dos doentes se concentra entre os valores médios de 1,5 a 3, e apenas uma pequena parte ultrapassa o intervalo de 4 a 6 pontos, grupo que é identificado como tendo um nível mais enraizado de dependência do tabaco.

A tabela 24 abaixo mostra o valor exato obtido para cada participante, que como descrito em parágrafos anteriores, todos os participantes foram incluídos no estudo por se encontrarem dentro do intervalo estabelecido para candidatos viáveis ao igualarem ou ultrapassarem o consumo mínimo solicitado, por questões de privacidade e proteção de dados, o investigador não teve acesso a dados pessoais e sensíveis dos pacientes como nome, idade, sexo, entre outros, limitando-se a distinguir cada paciente pelo identificador atribuído pelos terapeutas.

24Tabela *Médias de consumo de acordo com o questionário "Motivos de Consumo" obtido para cada doente.*

	Média obtida
Doente 1	2
Doente 2	2.05714286
Doente 3	2.14285714
Doente 4	1.62857143
Doente 5	1.8
Doente 6	1.74285714
Doente 7	2.22857143
Doente 8	1.97142857
Doente 9	1.91428571
Doente 10	1.82857143
Doente 11	2.14285714

Doente 12	2.77142857
Doente 13	2.8
Doente 14	2.71428571
Doente 15	4.02857143
Doente 16	3.8
Doente 17	3.31428571
Doente 18	3.51428571
Doente 19	2.94285714
Doente 20	2.65714286
Doente 21	2.31428571
Doente 22	2.85714286
Doente 23	2.71428571
Doente 24	2.4
Doente 25	1.85714286
Doente 26	2.65714286
Doente 27	2.4
Doente 28	2.85714286
Doente 29	2.57142857
Doente 30	2.62857143
Doente 31	2
Doente 32	2.02857143
Doente 33	2.17142857
Doente 34	1.8
Doente 35	2.11428571
Doente 36	1.62857143

Doente 37	2.22857143
Doente 38	2.11428571
Doente 39	1.82857143
Doente 40	2.08571429
Doente 41	2.25714286
Doente 42	2.62857143
Doente 43	2.74285714
Doente 44	2.6
Doente 45	3.65714286
Doente 46	3.6
Doente 47	3.08571429
Doente 48	3.4
Doente 49	2.88571429
Doente 50	2.51428571
Doente 51	2.48571429
Doente 52	2.82857143
Doente 53	2.28571429
Doente 54	2.48571429
Doente 55	1.94285714
Doente 56	2.57142857
Doente 57	2.37142857
Doente 58	2.54285714
Doente 59	2.74285714
Doente 60	2.54285714

Nota: Elaborado pelos autores

A Figura 13 dá como exemplo as respostas ao primeiro item, onde se pode ver que as opções "frequentemente" e "sempre" não tiveram qualquer impacto nos doentes, seja, estes nunca selecionaram essas respostas para este item.

13Figura *Distribuição das respostas ao item "Sinto que fumar me dá segurança".*

Nota: Elaboração própria (Velázquez, 2022).

A concordância na seleção de respostas pelos pacientes é expressa na Figura 13, obtendo um menor número de seleções as opções "Frequentemente" e "Sempre", este item é categorizado dentro da área psicossocial por Velázquez-Altamirano e Córdova-Alcaráz (2020), além disso, o item e os outros incluídos no questionário "Motivos para o consumo de tabaco" foram revistos e aprovados pelo autor Chavez Vizuet (2016), este instrumento tem sido utilizado no tratamento da cessação tabágica em Centros de Integração de Jovens em todo o país.

A Figura 14 mostra o número total de opções selecionadas pelos doentes no questionário. Pode observar-se que as opções "Nunca" e "Raramente" são as que obtiveram o maior número de selecções, ou seja, para todas as questões a opção "Raramente" foi selecionada 584 vezes pelos doentes.

14Figura *Total, respostas selecionadas pelos doentes no questionário "Razões para fumar".*

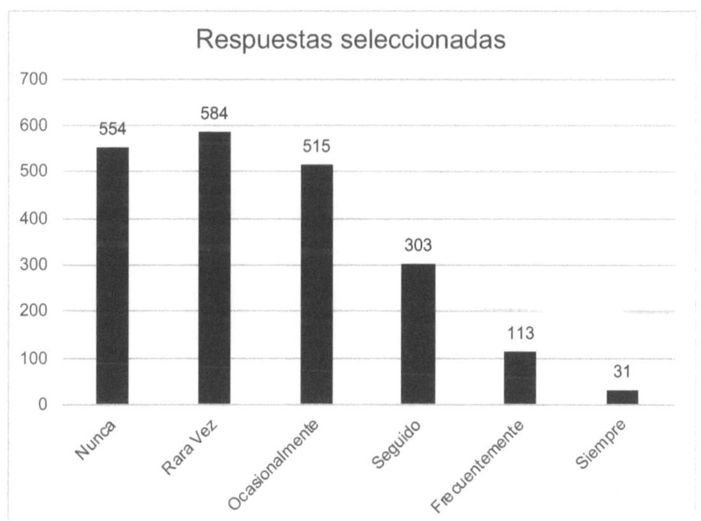

Nota: Elaboração própria (Velázquez, 2022).

A Figura 15 mostra a percentagem de opções selecionadas pelos doentes no questionário. Pode destacar-se que as opções "Nunca" e "Raramente" são as que obtiveram maior percentagem de seleção, ou seja, para todas as questões a opção "Raramente" representa 28% em termos de seleção pelos doentes.

15Figura *Percentagem, respostas selecionadas pelos doentes no questionário "Razões para fumar".*

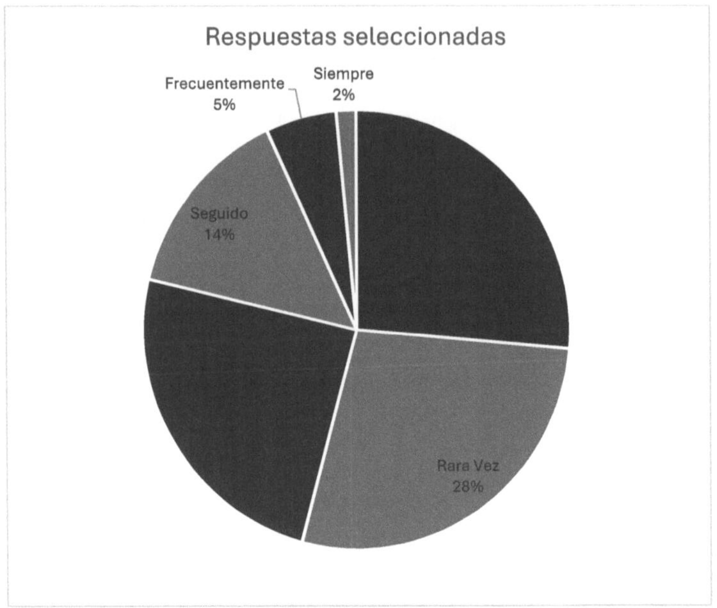

Nota: Elaboração própria (Velázquez, 2022).

A figura 16 mostra a soma por pergunta do questionário "Razões para a utilização", que indica as três razões mais comuns ou frequentes selecionadas pelos doentes, sendo que as perguntas 6, 16 e 26 foram aquelas a que os doentes atribuíram as pontuações mais elevadas, correspondendo estas perguntas às seguintes afirmações

6. Ainda doente, sinto necessidade de um cigarro, com uma pontuação de 189 pontos.

Fumo mais quando estou tenso, com um total de 181 pontos.

16. Em trabalhos monótonos ou aborrecidos, fumo mais, com uma soma de 180.

16Figura *Itens mais pontuados que determinam as três razões mais frequentes para fumar entre os doentes*

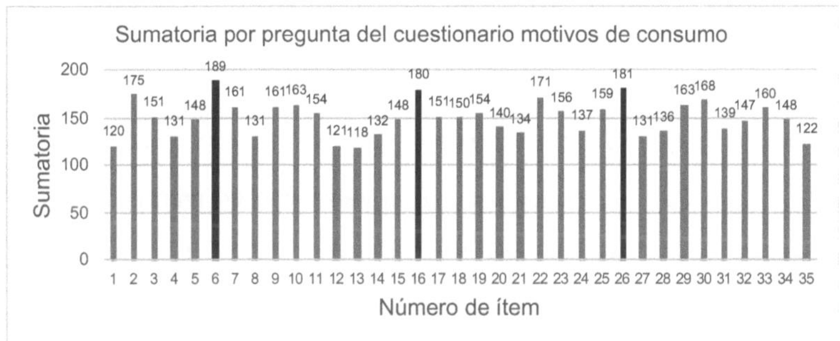

Nota: Elaboração própria (Velázquez, 2022).

A identificação das principais razões para o consumo de tabaco é essencial para os terapeutas, como afirmam Velázquez-Altamirano e Córdoba-Alcaráz (2020), que afirmam que se pretende assim cumprir os objectivos estabelecidos no programa para completar com sucesso o tratamento, e assim reduzir ou eliminar o consumo de tabaco, Londoño Pérez et al, (2021), também consideraram incluir este tipo de itens nos seus estudos porque estas questões podem ser tomadas como indicadores, que permitem avaliar estes aspectos e assim reforçar a evidência na classificação precisa do tipo e motivos de consumo, no seu estudo não incluíram este tipo de questões, mas mesmo assim consideram-nas importantes.

4.4.2 Resultados sobre a usabilidade do Bot

A usabilidade de uma aplicação é o nível em que um produto pode ser utilizado pelos utilizadores finais para atingir objectivos com eficácia, eficiência e satisfação num determinado contexto de utilização (González e Reboredo, 2019) , para o efeito, a usabilidade da aplicação foi avaliada utilizando o questionário correspondente descrito no Anexo 2, esta avaliação foi realizada mais ou menos a meio do tratamento do primeiro grupo, a avaliação para o segundo grupo foi realizada no final do tratamento, a obtenção de resultados foi dividida em 2 partes começando com o primeiro grupo de 28 pessoas no mês de fevereiro de 2018, o segundo grupo iniciou as atividades no final do mês de abril de 2018 com um total de 32 pessoas.

Uma vez aplicado o questionário, os resultados obtidos foram agrupados de acordo com o tipo de pergunta utilizada, que se agrupam em 3 aspectos: desempenho, funcionalidade e informação. Para a secção de desempenho (perguntas 1, 4, 12 e 13) foram obtidos os seguintes resultados:

Na questão 1, A instalação do programa Telegram, 100% dos inquiridos responderam entre os intervalos Excelente, Muito bom e Bom, pelo que se conclui que todos os inquiridos estão familiarizados com a instalação de aplicações nos seus dispositivos móveis, as percentagens totais e a frequência de cada intervalo estão expressas na tabela 25.

25Tabela *Estatísticas descritivas e frequências relacionadas com a pergunta 1 do questionário "Bot Usability".*

	Instalação				
		Frequência	Percentagem	Percentagem de validade	Percentagem acumulada
Válido	Bom	15	25.0	25.0	25.0
	Muito bom	26	43.3	43.3	68.3
	Excelente	19	31.7	31.7	100.0
	Total	60	100.0	100.0	

Nota: Elaborado pelos autores

A questão 4, o tempo de resposta, 58% dos entrevistados decidiram selecionar a opção de Excelente, além disso 18,33% responderam que o tempo de resposta foi Muito bom, isso determina que a velocidade para receber mensagens quanto para abrir o aplicativo foi ágil, o aplicativo Telegram é considerado mais leve que outros aplicativos de mensagens móveis segundo o site geeknetic *(Telegram vs Whatsapp*, n/d) , os percentuais totais e a frequência de cada classificação estão expressos na tabela 26.

26Tabela *Estatísticas descritivas e frequências relativas à pergunta 4 do questionário "Bot Usability".*

	Tempo de resposta				
		Frequência	Percentagem	Percentagem de validade	Percentagem acumulada
Válido	Bom	14	23.3	23.3	23.3
	Muito bom	11	18.3	18.3	41.7
	Excelente	35	58.3	58.3	100.0
	Total	60	100.0	100.0	

Nota: Elaborado pelos autores.

Questão 12, Na questão sobre o consumo de dados (internet), apenas 18% responderam que o consumo de dados era Razoável a Fraco, enquanto

81,67% expressaram que o consumo de dados era Bom a Excelente, o que se traduz num baixo consumo de dados, as percentagens totais e a frequência de cada intervalo são apresentadas na tabela 27.

27Tabela *Estatísticas descritivas e frequências relativas à pergunta 12 do questionário "Bot Usability".*

		Consumo de dados			
		Frequência	Percentagem	Percentagem de validade	Percentagem acumulada
Válido	Mala	1	1.7	1.7	1.7
	Regular	10	16.7	16.7	18.3
	Bom	8	13.3	13.3	31.7
	Muito bom	23	38.3	38.3	70.0
	Excelente	18	30.0	30.0	100.0
	Total	60	100.0	100.0	

Nota: Elaborado pelos autores.

Questão 13, a velocidade de execução global do Bot, esta questão está diretamente ligada à questão 4, nesta questão os inquiridos responderam de Bom a Excelente em 88,33%, as percentagens totais e a frequência de cada intervalo estão expressas na tabela 28.

28Tabela *Estatísticas descritivas e frequências relativas à pergunta 13 do questionário "Bot Usability".*

		Execução			
		Frequência	Percentagem	Percentagem de validade	Percentagem acumulada
Válido	Regular	7	11.7	11.7	11.7
	Bom	6	10.0	10.0	21.7
	Muito bom	25	41.7	41.7	63.3
	Excelente	22	36.7	36.7	100.0
	Total	60	100.0	100.0	

Nota: Elaborado pelos autores.

Os itens anteriores incluídos no aspeto referido neste estudo como "Desempenho" são semelhantes à dimensão "Satisfação" apresentada por Pérez Peña e Ramos Jurado (2021), onde obtiveram uma pontuação muito baixa, com um nível baixo de 56,67% dos inquiridos e um nível moderado de 43,33% dos inquiridos, numa população de 30 pessoas, concluindo que a satisfação é baixa em termos de serviço ao cliente, em contraste com este estudo onde se obteve um nível de aceitação superior a 80%.

Para a secção de funcionalidade, foram consideradas as questões 2, 3, 5, 6, 7, 8 e 9, com uma média de 93% de respostas positivas entre todas as questões e apenas 6,3% nas consideradas negativas

Questão 2, Pesquisa de contactos, 91,67% dos inquiridos determinaram que a pesquisa do contacto "Deixar de fumar" no Telegram foi "Excelente", pelo que se determina que a pesquisa e a agregação do contacto foi rápida e fácil, as percentagens totais e a frequência de cada classificação estão expressas na tabela 29.

29Tabela *Estatísticas descritivas e frequências relacionadas com a pergunta 2 do questionário "Bot Usability".*

Procurar contacto					
		Frequência	Percentagem	Percentagem de validade	Percentagem acumulada
Válido	Bom	3	5.0	5.0	5.0
	Muito bom	2	3.3	3.3	8.3
	Excelente	55	91.7	91.7	100.0
	Total	60	100.0	100.0	

Nota: Elaborado pelos autores.

Questão 3, Ajuda do Bot, o Bot enquanto tal não fornece um sistema de ajuda aos doentes nem tem uma base de dados de termos-chave ou de perguntas frequentes, fornece simplesmente um dicionário dos comandos que podem ser utilizados no Bot, pelo que apenas 50% das pessoas que responderam a esta questão classificaram como "Excelente" o dicionário apresentado ao selecionar "Ajuda", as percentagens totais e a frequência de cada classificação estão expressas na tabela 30.

30Tabela *Estatísticas descritivas e frequências relativas à pergunta 3 do questionário "Bot Usability".*

Ajuda					
		Frequência	Percentagem	Percentagem de validade	Percentagem acumulada
Válido	Mala	3	5.0	5.0	5.0
	Regular	8	13.3	13.3	18.3
	Bom	2	3.3	3.3	21.7
	Muito bom	17	28.3	28.3	50.0
	Excelente	30	50.0	50.0	100.0
	Total	60	100.0	100.0	

Nota: Elaborado pelos autores.

Nas perguntas 5 e 6, clareza das opções disponíveis e clareza das respostas recebidas, mais de 60% dos inquiridos consideraram "Excelente" em ambas as perguntas; as percentagens totais e a frequência de cada classificação são expressas nos quadros 31 e 32, respetivamente.

31Tabela *Estatísticas descritivas e frequências relacionadas com a pergunta 5 do questionário "Bot Usability".*

Opções disponíveis					
		Frequência	Percentagem	Percentagem de validade	Percentagem acumulada

Válido	Regular	1	1.7	1.7	1.7
	Bom	9	15.0	15.0	16.7
	Muito bom	11	18.3	18.3	35.0
	Excelente	39	65.0	65.0	100.0
	Total	60	100.0	100.0	

Nota: Elaborado pelos autores.

32Tabela *Estatísticas descritivas e frequências relativas à pergunta 6 do questionário "Usabilidade do Bot".*

		Respostas recebidas			
		Frequência	Percentagem	Percentagem de validade	Percentagem acumulada
Válido	Mala	1	1.7	1.7	1.7
	Regular	1	1.7	1.7	3.3
	Bom	2	3.3	3.3	6.7
	Muito bom	19	31.7	31.7	38.3
	Excelente	37	61.7	61.7	100.0
	Total	60	100.0	100.0	

Nota: Elaborado pelos autores.

Questão 7, facilidade de utilização do Bot, 76,67% dos pacientes determinaram que o manuseamento do Bot era "Bom" a "Excelente", e 21,67% selecionaram a opção de "Razoável", os restantes determinaram que era mau e por isso considerado difícil para um determinado segmento da população avaliada (1,67%), as percentagens totais e a frequência de cada intervalo estão expressas na tabela 33.

33Tabela *Estatísticas descritivas e frequências relativas à pergunta 7 do questionário "Bot Usability".*

		Instalações			
		Frequência	Percentagem	Percentagem de validade	Percentagem acumulada
Válido	Mala	1	1.7	1.7	1.7

Regular	13	21.7	21.7	23.3
Bom	1	1.7	1.7	25.0
Muito bom	14	23.3	23.3	48.3
Excelente	31	51.7	51.7	100.0
Total	60	100.0	100.0	

Nota: Elaborado pelos autores.

As perguntas 8 e 9, a interface gráfica do Bot e O tipo e tamanho do texto, este elemento recebeu uma boa aceitação geral: 98,33% e 75% respetivamente, devido ao facto de a interface apresentar um design igual ao dos chats encontrados nas aplicações de mensagens instantâneas mais populares, as percentagens totais e a frequência de cada classificação são expressas na tabela 34 e 35 respetivamente.

34Tabela *Estatísticas descritivas e frequências relativas à pergunta 8 do questionário "Bot Usability".*

Interface					
		Frequência	Percentagem	Percentagem de validade	Percentagem acumulada
Válido	Regular	1	1.7	1.7	1.7
	Muito bom	18	30.0	30.0	31.7
	Excelente	41	68.3	68.3	100.0
	Total	60	100.0	100.0	

Nota: Elaborado pelos autores.

35Tabela *Estatísticas descritivas e frequências relativas à pergunta 9 do questionário "Bot Usability".*

Texto					
		Frequência	Percentagem	Percentagem de validade	Percentagem acumulada
Válido	Regular	1	1.7	1.7	1.7
	Bom	14	23.3	23.3	25.0
	Muito bom	17	28.3	28.3	53.3

Excelente	28	46.7	46.7	100.0
Total	60	100.0	100.0	

Nota: Elaborado pelos autores.

Nos itens anteriores incluídos no aspeto denominado no presente estudo como "Funcionalidade", obtiveram como resultados em média uma aceitação muito boa por parte dos inquiridos, semelhante ao relatado por Labra Chino e Quispe Poma (2022), onde através da análise dos resultados obtidos através dos seus instrumentos, demonstraram que o chat Bot é eficiente no tempo de resposta com uma média de 0.8 milissegundos nas respostas em tempo real, bem como no desempenho global do chat Bot, determinando que este é flexível e ótimo, dado que a capacidade do chat Bot é adaptativa.

Os resultados de ambos os estudos reflectem a flexibilidade de execução do Bot devido ao baixo consumo de recursos nos dispositivos e às elevadas taxas de resposta e disponibilidade suportadas pelas plataformas tecnológicas dos respectivos fornecedores.

Para a secção de informação, foram consideradas as questões 10 e 11, com uma média de 100% de respostas consideradas positivas para os dois itens em causa, sendo os resultados para cada uma delas detalhados a seguir:

Pergunta 10, dicas recebidas (assunto), 100,00% dos inquiridos determinaram que as dicas recebidas através do Bot e o assunto que tratam relacionado com o tabagismo, se situavam entre "Excelente", "Muito bom" e

Bom", pelo que se determina que estas acções são aceites pela maioria dos doentes, as percentagens totais e a frequência de cada intervalo estão expressas na tabela 36.

36Tabela *Estatísticas descritivas e frequências relativas à pergunta 10 do questionário "Bot Usability".*

Dicas					
		Frequência	Percentagem	Percentagem de validade	Percentagem acumulada
Válido	Bom	15	25.0	25.0	25.0
	Muito bom	24	40.0	40.0	65.0
	Excelente	21	35.0	35.0	100.0
	Total	60	100.0	100.0	

Nota: Elaborado pelos autores.

Na pergunta 11, periodicidade das gorjetas recebidas, 93,4% dos inquiridos determinaram que a frequência gorjetas recebidas, ou seja, o tempo entre uma gorjeta e outra ou, mais especificamente, as gorjetas recebidas por dia, se situava entre "Excelente", "Muito bom" e "Bom", apenas 6,7% determinaram que esta ação é "Regular", pelo que se determina que a frequência das gorjetas recebidas é muito bem aceite, as percentagens totais e a frequência de cada intervalo estão expressas no quadro 37.

37Tabela *Estatísticas descritivas e frequências relativas à pergunta 10 do questionário "Bot Usability".*

Dicas de periodicidade					
		Frequência	Percentagem	Percentagem de validade	Percentagem acumulada
Válido	Regular	4	6.7	6.7	6.7
	Bom	6	10.0	10.0	16.7
	Muito bom	25	41.7	41.7	58.3
	Excelente	25	41.7	41.7	100.0

Total	60	100.0	100.0

Nota: Elaborado pelos autores.

Nos itens anteriores incluídos no aspeto denominado neste estudo como "Informação", os resultados tiveram um nível de aceitação muito elevado ao avaliar a seleção total de respostas consideradas positivas em 100% por todos os inquiridos, semelhante ao obtido no estudo apresentado por Villegas-Ch et al, (2020), no qual determinaram que a informação certa no momento certo é conhecimento e que para além das tarefas básicas programadas num Bot, é também importante incluir informação adicional dentro do seu design, para reforçar o conhecimento e a retenção da informação nos utilizadores.

A concordância na seleção de respostas pelos doentes é mostrada na figura 17, com o maior número de selecções para "Excelente" e "Muito bom".

17Figura *Total, respostas selecionadas pelos doentes no questionário "Bot Usability".*

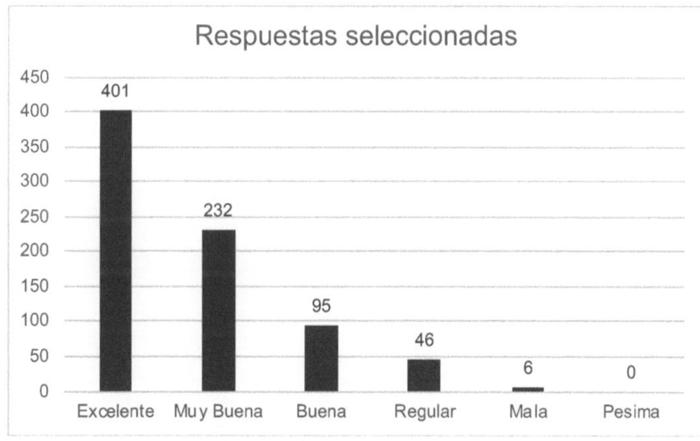

Nota: Elaboração própria (Velázquez, 2022).

Tendo em conta o somatório da seleção das opções consideradas positivas; "Excelente", "Muito Bom" e "Bom", pode considerar-se que o BO, em termos gerais, foi considerado como "Altamente utilizável" para 93% dos doentes.

A Figura 18 mostra a percentagem de opções selecionadas pelos doentes no questionário em geral para todas as questões. É possível observar que as opções "Excelente" e "Muito Bom" são as que obtiveram maior percentagem de seleção, com 51% e 31% respetivamente.

18Figura *Percentagem, respostas selecionadas pelos doentes no questionário "Usabilidade do Bot".*

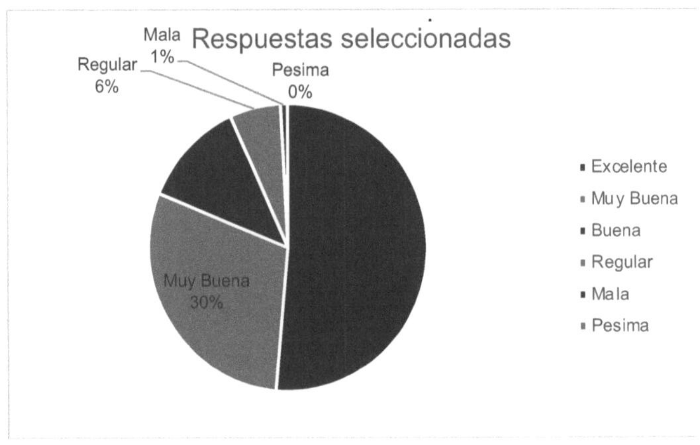

Nota: Elaboração própria (Velázquez, 2022).

A Tabela 38, abaixo, mostra as tendências de seleção do presente questionário, referentes às médias por doente relativamente à sua opinião sobre a usabilidade do B.O., mostrando claramente uma tendência dominante na consideração geral de cada indivíduo representada pelos parâmetros "Muito bom" e "Excelente", as outras selecções não são mostradas porque têm uma percentagem de zero.

38 *Tendência de seleção de tabelas "Bot Usability".*

		Frequência	Percentagem	Percentagem de validade	Percentagem acumulada
Válido	Muito bom	13	21.7	21.7	21.7
	Excelente	47	78.3	78.3	100.0
	Total	60	100.0	100.0	

Nota: Elaborado pelos autores.

A Figura 19 representa graficamente as selecções dominantes no questionário "Bot Usability", com as opções "Muito bom" e "Excelente" a destacarem-se predominantemente.

19Figura *Gráfico sobre a tendência de seleção "Bot Usability".*

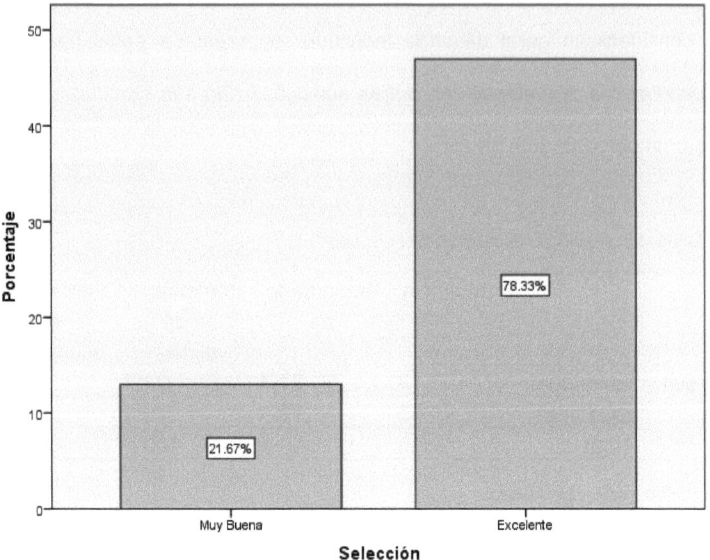

Nota: Elaboração própria (Velázquez, 2022).

4.4.3 Resultados sobre a eficácia do tratamento

Esta secção é considerada o núcleo da investigação porque está diretamente relacionada com a hipótese deste documento associada aos processos de gestão do mesmo, deve-se à conclusão do tratamento pelos pacientes de forma satisfatória e para interpretar os seus resultados foi utilizado o questionário correspondente à eficácia do tratamento para cada paciente, com dados sobre a resposta ao tratamento utilizando o Bot

Este instrumento é respondido pelo terapeuta no final de cada tratamento, respeitando sempre os tempos estabelecidos para cada paciente em particular, e será disponibilizada uma plataforma web aos profissionais para captarem os resultados relativos à evolução de cada paciente, agilizando assim o processo de recolha de dados.

Para determinar o nível de eficácia da utilização do Bot como apoio ao tratamento de cessação tabágica, os resultados da sua implementação foram comparados com os resultados obtidos em anos anteriores em Centros de Integração localizados em diferentes estados da República Mexicana, nos quais foram utilizados meios tradicionais de tratamento

Estes resultados, juntamente com as respectivas interpretações, estão publicados no documento "SISTEMA INSTITUCIONAL DE AVALIAÇÃO DE PROGRAMAS DE TRATAMENTO AVALIAÇÃO DA CLÍNICA CIJ STOP SMOKING", cujo objetivo é "avaliar retrospetivamente os resultados do Programa de Tratamento de Cessação Tabágica aplicado aos pacientes que frequentam as unidades de atendimento dos Centros de Integração Juvenil (Velázquez-Altamirano e Córdova-Alcaráz, 2020) .

Numa primeira análise comparativa, na figura 20, faz-se referência ao Gráfico 1 do documento referido no parágrafo anterior em que se menciona "Dos pacientes que compareceram à última sessão, a maioria consumia até 10 cigarros por dia antes do tratamento (41,3%), pouco mais de um terço fumava entre 11 e 20, um quarto consumia entre 21 e 30 e uma proporção menor consumia mais de 31 cigarros diariamente (4,7%)", nos resultados obtidos da aplicação do questionário "Eficácia do Tratamento"

Os terapeutas determinaram, em média, para a pergunta número 1 "Redução do consumo em unidades por dia", uma percentagem de 55% de Razoável a Excelente, de acordo com a sua experiência, em função da redução do consumo de cada paciente, de modo que mais de metade dos pacientes apresentaram progressos significativos em termos de redução do consumo diário de cigarros.

20Figura *Consumo diário de cigarros, antes e depois do tratamento*

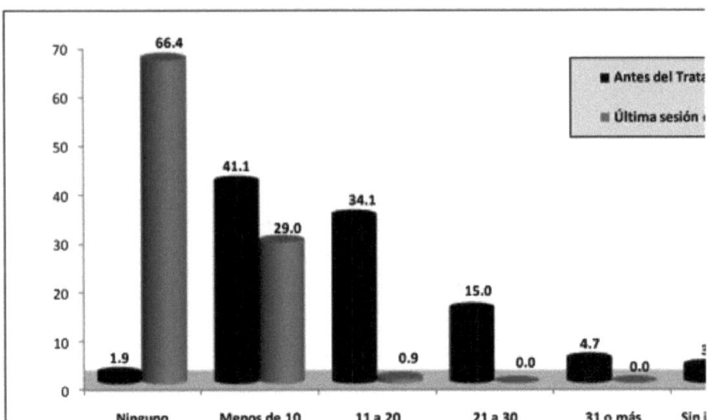

Nota: Extraído de (Velázquez-Altamirano e Córdova-Alvaráz, 2020, p.x. 10).

A questão 9 "Em termos gerais, qual foi o progresso do paciente com este tratamento", também se refere ao progresso apresentado de acordo com a opinião do terapeuta sobre cada paciente. Nesta questão, 56,67% dos pacientes tiveram progresso geral ao longo do tratamento, levando em conta o uso do Bot.

Comparando os resultados Tudor Sfetea et al. (2018), relata em seu estudo como resultados a redução do consumo diário em 53%, valor um pouco menor do que o representado no presente estudo, por outro lado Lin et al. (2018), relata 59.6% em termos de redução do consumo diário por unidade de tabaco, analisando os três resultados, pode-se argumentar que o Bot, em média, está dentro da faixa dos resultados relatados por outros autores, embora os estudos sejam semelhantes, no presente estudo foram adicionados outros reagentes para fortalecer a análise da eficácia do Bot no tratamento para a cessação do tabagismo.

Outra série de perguntas foi incluída no questionário "eficácia do tratamento" (2, 3, 4, 5, 6, 7 e 8), que estão diretamente relacionadas com o tópico mencionado nesta secção, nas quais, em geral, se obteve uma percentagem aceitável de aceitação e gestão do tratamento, 59,29% das respostas às perguntas anteriores foram marcadas em média de Razoável a Excelente, os resultados de cada uma delas estão detalhados na tabela 39 abaixo.

39Tabela *Resultados obtidos a partir do Questionário de Eficácia do Tratamento*

Questão	Respostas positivas	Respostas negativas
A utilização do tempo de tratamento foi	65%	33.33%
Redução do tempo de consumo	61.67%	36.67%
Redução de incidentes	51.67%	46.60%

Aumento do número de terapias bem sucedidas	66.67%	30%
Redução zero da terapia	56.67%	41.67%
Redução da perda de registos	60%	40%
Redução do preenchimento incorreto dos diários de bordo	53.33%	46.67%

Fonte: Elaboração própria

Nesta dimensão, relacionada com os esforços complementares no tratamento contra o tabagismo, foram obtidas percentagens ligeiramente positivas em cada um dos itens, em contraste com os resultados maioritariamente positivos obtidos no estudo de Tudor Sfetea et al. (2018), em que afirmam que o seu desejo de continuar a utilizar a aplicação é de 67% das pessoas e que recomendariam a aplicação a outra pessoa atinge até 73%.

Alsharif e Philip (2015), por sua vez, referem no seu estudo que a aplicação móvel que conceberam obteve as seguintes taxas de aceitação: gráficos de progresso 90%, alertas e notificações 57,6%, vídeos informativos, material educativo, feedback de médicos e ex-fumadores 88,4%, ajuda geral, linha de apoio 77%, continuação da aplicação no final do tratamento 73%.

Com base nestes resultados, pode afirmar-se que o Telegram Bot utilizado neste estudo cumpriu a função de gestão e administração do tratamento de cessação tabágica, ou seja, apoio nas tarefas administrativas e organização da informação, aligeirando o trabalho dos terapeutas e profissionais de saúde, bem como o controlo dos registos pelos utilizadores, em termos dos resultados relacionados com a eficácia do tratamento não teve um impacto considerável associado à redução do consumo por dia.

Em relação à concordância na seleção de respostas pelos terapeutas associados à evolução e acompanhamento, no que diz respeito ao tratamento contra o tabagismo, como mostra a Figura 21, obteve-se um maior número de selecções nas opções "Mau" e "Razoável".

21Figura *Total, respostas selecionadas pelos terapeutas no questionário "Eficácia do tratamento".*

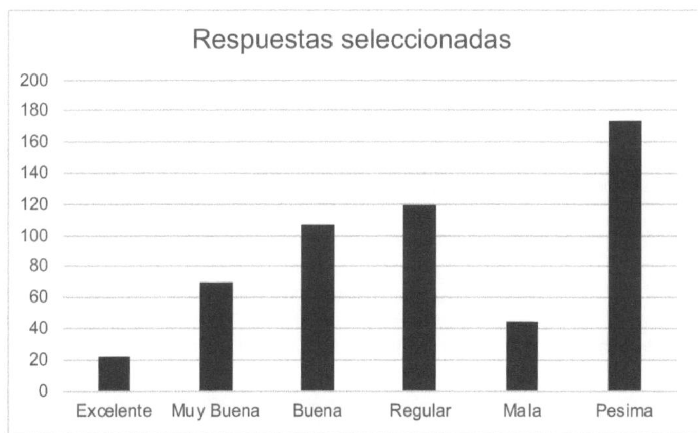

Nota: Elaboração própria (Velázquez, 2022).

A figura 22 mostra as percentagens obtidas tendo em conta a soma da seleção das opções classificadas como positivas; "Excelente", "Muito Bom" e "Bom", podendo considerar-se que a eficácia do tratamento em termos gerais foi satisfatória para 37% dos pacientes, enquanto que para os restantes 63% se considera que a sua evolução foi razoável a nula.

22Figura *Percentagem, respostas selecionadas pelos terapeutas no questionário "Eficácia do tratamento".*

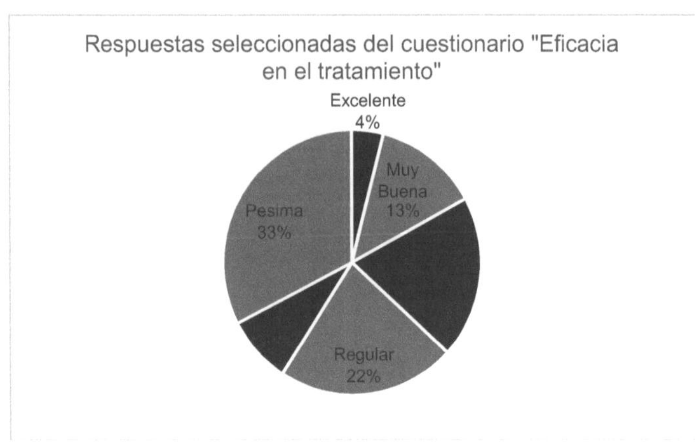

Nota: Elaboração própria (Velázquez, 2022).

A Tabela 40 apresenta as tendências de seleção do presente questionário, referentes às médias de seleção por terapeuta em termos da sua opinião sobre a eficácia do tratamento em cada um dos pacientes, mostrando claramente uma tendência dominante na consideração global de cada terapeuta, representada pelos parâmetros "Razoável" em primeiro lugar e "Bom" em segundo.

40*Tendência de seleção* **do quadro** *"Eficácia do tratamento".*

		Frequência	Percentagem	Percentagem de validade	Percentagem acumulada
Válido	Péssimo	6	10.0	10.0	10.0
	Mala	5	8.3	8.3	18.3

Regular	24	40.0	40.0	58.3
Bom	15	25.0	25.0	83.3
Muito bom	9	15.0	15.0	98.3
Excelente	1	1.7	1.7	100.0
Total	60	100.0	100.0	

Nota: Elaborado pelos autores.

A Figura 23 representa graficamente as selecções dominantes no questionário "Eficácia do tratamento", com a opção "Razoável" a destacar-se predominantemente.

23Figura *Gráfico sobre a tendência de seleção "Eficácia do tratamento".*

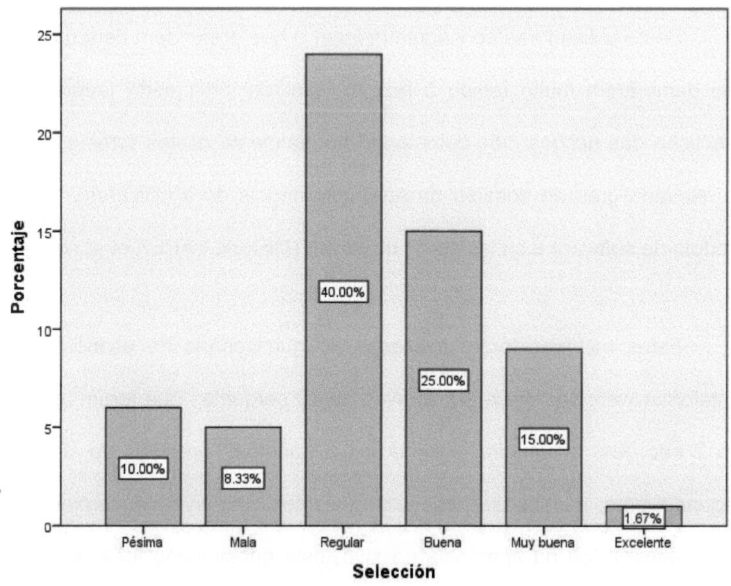

Nota: Elaboração própria (Velázquez, 2022).

4.4.4 Resultados sobre a usabilidade da plataforma Web

Esta secção mostra os resultados obtidos de acordo com a satisfação dos terapeutas com o sítio Web que lhes permitiu complementar a utilização do Bot na gestão do tratamento de cessação tabágica, este sítio permitiu-lhes realizar consultas por paciente, histórico e registos adicionados pelos pacientes.

Esta análise teve em conta a realização da tarefa e a satisfação dos utilizadores durante a execução das tarefas

Se os utilizadores conseguirem fazer o que pretendem dentro do site, não demorarem muito tempo a fazê-lo, sentirem uma certa facilidade na execução das acções, não cometerem normalmente muitos erros e tiverem um elevado grau de domínio da aplicação depois de a utilizarem, então o produto de software é considerado utilizável. (MEX-ALVAREZ et al., n.d.) .

Estas métricas foram avaliadas no questionário de usabilidade da plataforma web (ver anexo 4), através de 10 perguntas que foram divididas em 2 secções: a primeira referindo-se a questões positivas do sítio, e a segunda para mencionar possíveis questões negativas encontradas no funcionamento ou na aparência do sítio, este questionário foi aplicado a 5 pessoas que foram as únicas que utilizaram o sítio.

Para a primeira secção, foram utilizados os seguintes itens e foram obtidos os seguintes resultados:

Questão 1, Penso que gostaria de visitar este sítio Web com frequência. 80% dos inquiridos selecionaram as opções "concordo" e "concordo totalmente", 20% selecionaram a opção "concordo um pouco", este item refere-se à intenção pessoal de revisitar o sítio Web de acordo com a perceção que possam ter tido em visitas anteriores, pelo que se determina que a frequência em termos de voltar a visitar a página ou não com muito boa aceitação, as percentagens totais e a frequência de cada intervalo estão expressas na tabela 41.

41Tabela *Estatísticas descritivas e frequências relativas à pergunta 1 do questionário "Usabilidade da plataforma Web".*

		Visitar o sítio Web			
		Frequência	Percentagem	Percentagem de validade	Percentagem acumulada
Válido	Concordo em parte	1	20.0	20.0	20.0
	De acordo.	2	40.0	40.0	60.0
	Concordo plenamente	2	40.0	40.0	100.0
	Total	5	100.0	100.0	

Nota: Elaborado pelos autores.

Questão 5, achei que as várias possibilidades do sítio Web estão bastante bem integradas. Dos inquiridos 60% determinaram que "concordo" e 20% selecionaram a opção "concordo totalmente" na situação levantada, somando um total de 80% em reacções positivas, ao contrário de outros estudos de usabilidade onde são avaliadas as opções integradas onde 71% dos inquiridos consideram que a estrutura da página e a informação contida em cada secção é suficientemente clara (Serrano Mascaraque, 2009), com este nível de percentagem o autor considera que o seu sítio Web é utilizável devido ao facto de os utilizadores encontrarem facilmente as diferentes opções integradas através da interface completa do seu sítio Web, pelo que a plataforma Web que suporta o trabalho do Bot vai ao encontro das expectativas do referido autor.

Na tabela 42, verifica-se que a frequência de voltar ou não a visitar o sítio é estabelecida com muito boa aceitação, para além das percentagens totais e da frequência de cada intervalo.

42Tabela *Estatísticas descritivas e frequências relativas à pergunta 5 do questionário "Usabilidade da plataforma Web".*

Possibilidades integradas					
		Frequência	Percentagem	Percentagem de validade	Percentagem acumulada
Válido	Concordo em parte	1	20.0	20.0	20.0
	De acordo.	3	60.0	60.0	80.0
	Concordo plenamente	1	20.0	20.0	100.0
	Total	5	100.0	100.0	

Nota: Elaborado pelos autores.

A pergunta 7, "Imagino que a maioria das pessoas aprenderia a utilizar o sítio Web muito rapidamente", este tópico relacionava-se com a perceção de cada inquirido sobre a rapidez com que aprenderia a utilizar o sítio Web, tendo resultado nas seguintes percentagens, 40% selecionaram "Concordo totalmente" e outros 40% selecionaram "Concordo", num total de 80% de aceitação.

Em contraste com os resultados obtidos por Serrano Mascaraque (2009), onde verificou, num item semelhante, que 42% dos participantes consideram que o acesso à informação e a rapidez de utilização do sítio são semelhantes utilizando diferentes tipos de browsers, não encontrando diferenças ou dificuldades em fazê-lo.

Por conseguinte, determina-se que a frequência em termos de velocidade de aprendizagem do sítio Web é estabelecida com uma aceitação muito boa; as percentagens totais e a frequência de cada classificação são expressas na tabela 43

43Tabela *Estatísticas descritivas e frequências relativas à pergunta 7 do questionário "Usabilidade da plataforma Web".*

Velocidade de aprendizagem					
		Frequência	Percentagem	Percentagem de validade	Percentagem acumulada
Válido	Concordo em parte	1	20.0	20.0	20.0
	De acordo.	2	40.0	40.0	60.0
	Concordo plenamente	2	40.0	40.0	100.0
	Total	5	100.0	100.0	

Nota: Elaborado pelos autores.

Questão 9, Senti-me muito confiante no manuseamento do sítio Web. 100% dos inquiridos concordam com algum nível de convicção com a questão colocada, portanto, determina-se que a frequência relativa à rapidez de aprendizagem do sítio Web, é estabelecida com muito boa aceitação, as percentagens totais e a frequência de cada intervalo são expressas na tabela 44.

44Tabela *Estatísticas descritivas e frequências relativas à pergunta 9 do questionário "Usabilidade da plataforma Web".*

		Frequência	Percentagem	Percentagem de validade	Percentagem acumulada
Confiança na gestão do sítio Web					
Válido	Concordo em parte	1	20.0	20.0	20.0
	De acordo.	3	60.0	60.0	80.0
	Concordo plenamente	1	20.0	20.0	100.0
	Total	5	100.0	100.0	

Nota: Elaborado pelos autores.

Relativamente à segunda parte, relacionada com os possíveis pontos negativos encontrados na plataforma em geral, foram obtidos os seguintes resultados médios para as perguntas 2, 3, 4, 6, 8 e 10:

- 60% selecionaram "Não concordo de todo".
- 20% selecionaram "Não concordo".
- 16,67% "Discordo um pouco".
- 3,33% "Concordo um pouco".

A questão 2, Achei o sítio Web pouco complexo, refere-se à facilidade de utilização e de navegação percebida pelo utilizador, em que a soma das percentagens obtidas através da seleção dos utilizadores foi de 100%, ao contrário dos resultados obtidos por Serrano Mascaraque (2009), determinou que existem elementos no seu sítio Web que dificultam a navegação ou que o sistema de navegação é difícil de utilizar, constatando que 30% dos inquiridos consideram que existem elementos que dificultam a navegação, seja pela má distribuição dos elementos, pela publicidade no sítio ou porque alguns outros elementos se sobrepõem aos principais.

Por conseguinte, determina-se que a frequência em termos de complexidade percebida no sítio Web é estabelecida com uma aceitação muito boa; as percentagens totais e a frequência de cada classificação são expressas na tabela 45.

45Tabela *Estatísticas descritivas e frequências relativas à pergunta 2 do questionário "Usabilidade da plataforma Web".*

		Sítio Web descomplicado			
		Frequência	Percentagem	Percentagem de validade	Percentagem acumulada
Válido	De acordo.	1	20.0	20.0	20.0
	Concordo plenamente	4	80.0	80.0	100.0
	Total	5	100.0	100.0	

Nota: Elaborado pelos autores.

A questão 3, é relativamente fácil utilizar o website, refere-se à facilidade de utilização e navegação percebida pelo utilizador, uma vez que a questão anterior se refere à perceção da facilidade de utilização percebida pelos utilizadores, em que a soma das percentagens obtidas através da seleção dos utilizadores foi de 100%, em concordância com os resultados obtidos por Serrano Mascaraque (2009), 64% dos inquiridos no seu estudo determinaram que esta percentagem de utilizadores alcança a maioria das opções com dois cliques, explica que tal pode dever-se à experiência anterior ou à fácil integração de competências relacionadas com as tarefas do seu sítio Web.

Por conseguinte, determina-se que a frequência da perceção da facilidade de utilização do sítio Web é estabelecida com uma aceitação muito boa; as percentagens totais e a frequência de cada classificação são apresentadas na tabela 46.

46Tabela *Estatísticas descritivas e frequências relativas à pergunta 3 do questionário "Usabilidade da plataforma Web".*

Facilidade de utilização do sítio Web					
		Frequência	Percentagem	Percentagem de validade	Percentagem acumulada
Válido	De acordo.	2	40.0	40.0	40.0
	Concordo plenamente	3	60.0	60.0	100.0
	Total	5	100.0	100.0	

Nota: Elaborado pelos autores.

A questão 4, Não necessito do apoio de um especialista para navegar no website, refere-se à facilidade de utilização e navegação sem necessidade de formação prévia, tal como nas duas questões anteriores, diz respeito à perceção da facilidade de utilização percepcionada pelos utilizadores, neste item, a soma das percentagens obtidas através da seleção dos utilizadores foi de 100%.

Por conseguinte, determina-se que a frequência em termos de perceção da facilidade de utilização do sítio Web é estabelecida com uma aceitação muito boa, sendo as percentagens totais e a frequência de cada classificação expressas na tabela 47.

47Tabela *Estatísticas descritivas e frequências relativas à pergunta 4 do questionário "Usabilidade da plataforma Web".*

		Não é necessária formação			
		Frequência	Percentagem	Percentagem de validade	Percentagem acumulada
Válido	De acordo.	1	20.0	20.0	20.0
	Concordo plenamente	4	80.0	80.0	100.0
	Total	5	100.0	100.0	

Nota: Elaborado pelos autores.

A questão 6, existe consistência no website, refere-se à perceção dos utilizadores sobre a congruência e concordância entre todos os seus elementos, neste item, a soma das percentagens obtidas através da seleção pelos utilizadores das opções selecionadas foi de 80%.

Por conseguinte, determina-se que a frequência em termos de consistência percebida no sítio Web é estabelecida com boa aceitação; as percentagens totais e a frequência de cada classificação são expressas na tabela 48.

48Tabela *Estatísticas descritivas e frequências relativas à pergunta 6 do questionário "Usabilidade da plataforma Web".*

		Consistência do sítio Web			
		Frequência	Percentagem	Percentagem de validade	Percentagem acumulada
Válido	Concordo em parte	1	20.0	20.0	20.0
	De acordo.	1	20.0	20.0	40.0

	Concordo plenamente	3	60.0	60.0	100.0
	Total	5	100.0	100.0	

Nota: Elaboração própria

A questão 8, Achei o sítio Web visualmente apelativo, refere-se à perceção dos utilizadores sobre a condição de um sítio Web ser agradável à vista. Neste item, a soma das percentagens obtidas através da seleção pelos utilizadores das opções selecionadas foi de 60%.

De acordo com os resultados de Serrano Mascaraque (2009), o conteúdo das páginas Web deve ser apresentado corretamente e ser agradável à vista, uma vez que isso determina a permanência do utilizador no sítio Web, no seu estudo obtiveram que 34% concordam com esta caraterística.

Por conseguinte, determina-se que a frequência da atratividade visual percebida no sítio Web deste estudo é estabelecida com boa aceitação; as percentagens totais e a frequência de cada classificação são expressas na tabela 49.

49Tabela *Estatísticas descritivas e frequências relativas à pergunta 8 do questionário "Usabilidade da plataforma Web".*

Apelo visual					
		Frequência	Percentagem	Percentagem de validade	Percentagem acumulada
Válido	Discordo um pouco	1	20.0	20.0	20.0
	Concordo em parte	1	20.0	20.0	40.0

Concordo plenamente	3	60.0	60.0	100.0
Total	5	100.0	100.0	

Nota: Elaborado pelos autores.

A questão 10, Não preciso de aprender muitas coisas antes de utilizar o sítio Web, refere-se à perceção dos utilizadores sobre se o sítio Web pode ser manipulado por pessoas sem conhecimentos prévios de informática, neste item, a soma das percentagens obtidas através da seleção pelos utilizadores das opções selecionadas foi de 40%.

De acordo com os resultados de Serrano Mascaraque (2009), o conteúdo das páginas Web deve ser apresentado corretamente e ser agradável à vista, uma vez que isso determina a permanência do utilizador no sítio Web, no seu estudo obtiveram que 34% concordam com esta caraterística.

Por conseguinte, determina-se que a frequência em termos da perceção da necessidade de formação na utilização do sítio Web neste estudo é estabelecida com aceitação regular, sendo as percentagens totais e a frequência de cada classificação expressas na tabela 50.

50Tabela *Estatísticas descritivas e frequências relativas à pergunta 10 do questionário "Usabilidade da plataforma Web".*

Não preciso de aprender muitas coisas antes de me poder desenrascar no .				
	Frequência	Percentagem	Percentagem de validade	Percentagem acumulada

Válido	Concordo em parte	3	60.0	60.0	60.0
	De acordo.	1	20.0	20.0	80.0
	Concordo plenamente	1	20.0	20.0	100.0
	Total	5	100.0	100.0	

Nota: Elaborado pelos autores.

Em suma, o nível de aceitação dos utilizadores em relação ao portal web é de 87,66%, seguindo algumas métricas para avaliar a usabilidade de um site, que referem que, ter um elevado grau de aceitação, influencia a satisfação do utilizador, o desempenho correto e eficiente do trabalho é o que determina o grau de aceitação de um produto e, portanto, a sua usabilidade (Cancio e Bergues, 2013) .

A concordância na seleção das respostas pelos doentes é mostrada na figura 24, com o maior número de selecções para "Excelente" e "Muito bom".

24Figura *Total, respostas selecionadas pelos doentes no questionário "Bot Usability".*

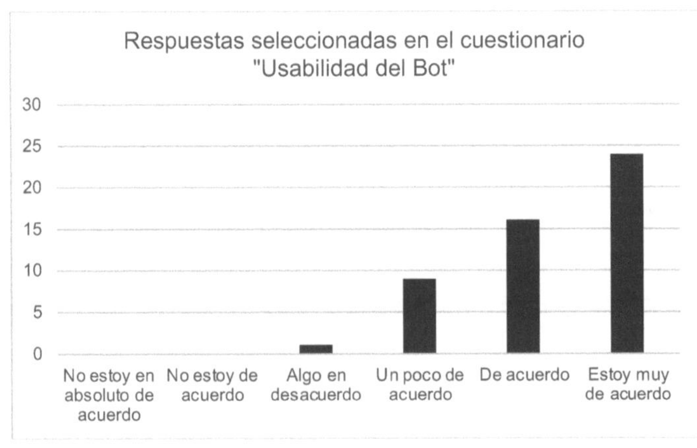

Nota: Elaboração própria (Velázquez, 2022).

Tendo em conta o somatório da seleção das opções consideradas positivas; "Concordo fortemente", "Concordo" e "Concordo um pouco", podemos considerar que o nível de usabilidade da plataforma web, em termos gerais, foi considerado "Elevado" a "Muito elevado" para 98% dos utentes, enquanto que para os restantes 2% é considerado razoável nas dimensões avaliadas, como mostra a figura 25.

25Figura *Percentagem, respostas selecionadas pelos terapeutas no questionário "Usabilidade da plataforma Web".*

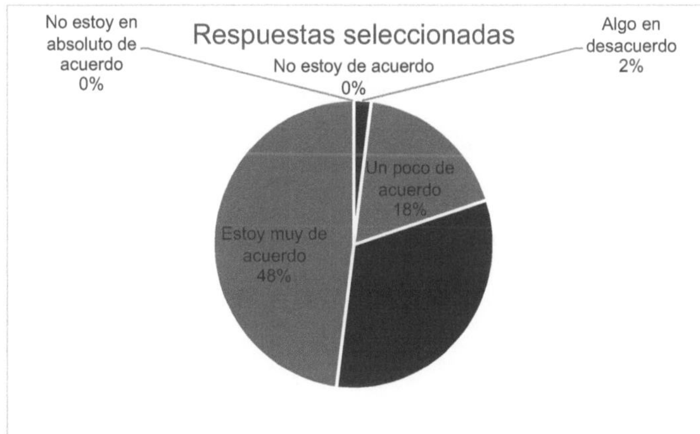

Nota: Elaboração própria (Velázquez, 2022).

A Tabela 51 abaixo mostra as tendências de seleção do presente questionário, referentes às médias de seleção por terapeuta relativamente à sua opinião sobre a usabilidade da plataforma web, mostrando claramente uma tendência dominante na consideração geral de cada terapeuta representada pelos parâmetros "Concordo" em segundo lugar e "Concordo fortemente" em primeiro lugar, outras selecções não são mostradas porque têm uma percentagem de zero.

51Quadro *Tendência de seleção do questionário "Usabilidade da plataforma Web".*

		Frequência	Percentagem	Percentagem de validade	Percentagem acumulada
Válido	De acordo.	1	20.0	20.0	20.0
	Concordo plenamente	4	80.0	80.0	100.0
	Total	5	100.0	100.0	

Nota: Elaborado pelos autores.

A Figura 26 representa graficamente as selecções dominantes no questionário "Eficácia do tratamento", destacando-se predominantemente a opção "Concordo totalmente".

26Figura *Gráfico sobre a tendência de seleção "Usabilidade da plataforma Web".*

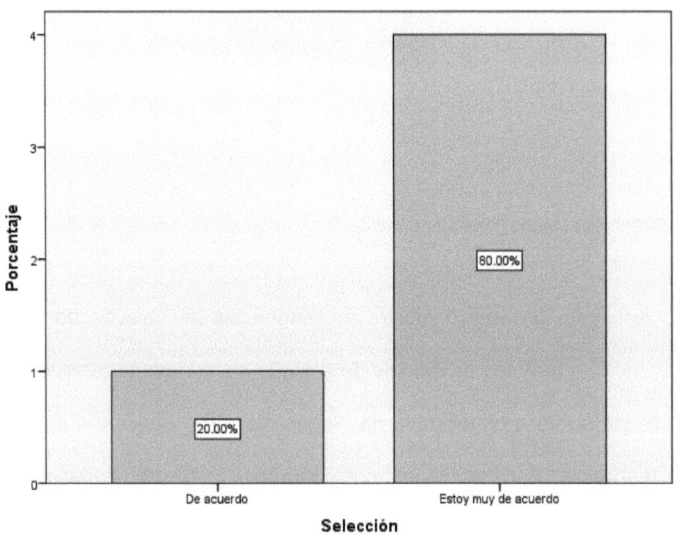

Nota: Elaboração própria (Velázquez, 2022).

4.4.5 Resultados dos testes paramétricos

4.4.5.1 Pearson

O teste de correlação de Pearson foi utilizado para determinar se "existe" ou "não existe" uma relação entre as duas variáveis envolvidas neste estudo, esta relação é também conhecida como o nível de significância, neste teste o Coeficiente "r" de Pearson é aplicado para determinar o grau de correlação.

Se o nível de significância (Sig.) for igual ou inferior a 0,05, considera-se que tem um nível de confiança de 95%, pelo que o grau do coeficiente de correlação "r" é considerado "significativo".

Se o nível de significância (Sig.) for inferior ou igual a 0,01, considera-se que tem um nível de confiança de 99%, pelo que o grau do coeficiente de correlação "r" é considerado "altamente significativo".

Neste caso, observa-se que o coeficiente de correlação de Pearson é de 0,106, pelo que se pode afirmar que, na área de estudo, existe uma "correlação positiva muito baixa" entre a dimensão "Redução do consumo de tabaco" e "Garrafa para dispositivos móveis", porque o valor de significância é de 0,418, o que é inferior ao valor de 0,05 exigido.

52Tabela *Estatísticas descritivas entre as variáveis envolvidas no projeto.*

Estatísticas descritivas			
	Media	Desvio padrão	N
Redução do consumo	26.0167	9.36183	60
Garrafa	68.2667	4.65729	60

Nota: Elaborado pelos autores.

53Tabela *Total, respostas selecionadas pelos doentes no questionário "Bot Usability".*

Correlações		
	Redução do consumo	Garrafa

Redução do consumo	Correlação de Pearson	1	.106
	Sig. (bilateral)		.418
	N	60	60
Bot	Correlação de Pearson	.106	1
	Sig. (bilateral)	.418	
	N	60	60

Nota: Elaborado pelos autores.

4.4.5.2 Regressão linear

A função de regressão linear é uma função matemática que permite mostrar a relação causal que existe entre as variáveis, através da relação: y = a + bx; onde "y" é a variável dependente e "x" a variável independente, o coeficiente de correlação linear permite determinar o grau de associação que existe nas relações de dependência das variáveis consideradas, ou seja, mede a intensidade entre as variáveis que estão a ser consideradas na análise, de seguida, na figura 27, apresenta-se o correspondente gráfico de dispersão das variáveis em questão do presente estudo.

27Figura *Gráfico de dispersão das variáveis "Redução do consumo" e "Bot para dispositivos móveis".*

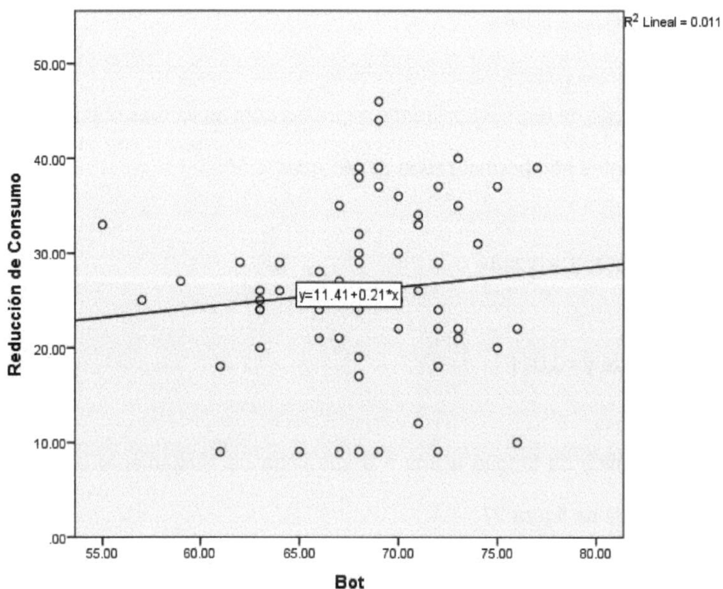

Nota: Elaboração própria, Gráfico da função de regressão linear e linha de ajustamento central (Velázquez, 2022).

Após efetuar os respectivos cálculos, obteve-se um valor de correlação entre as duas variáveis de 0,106, considerado por Mason e Lind (1995), como uma "correlação positiva fraca", um valor R positivo indica uma correlação positiva, em que os valores das duas variáveis tendem a aumentar em conjunto. Seguindo a interpretação da tabela 54, considera-se que 1,1% é a redução do consumo, os restantes 98,9% são atribuídos a variáveis não consideradas neste estudo, o detalhe destes valores é dado na tabela acima.

54Tabela *R correlação calculada com o software SPSS*

Resumo do modelo				
Modelo	R	Praça R	R-quadrado ajustado	Erro padrão da estimativa
1	.106[a]	.011	-.006	9.38858
a. Preditores: (Constante), Bot				

Nota: Elaborado pelos autores.

A função de regressão linear é expressa com os valores obtidos a partir dos coeficientes não normalizados (B) no quadro 55:

y = 11,415 + 0,214x

em que y =0,011

O gráfico da função acima e a sua linha de ajustamento central são apresentados na figura 27.

55Quadro *Correlação R e coeficientes obtidos a partir do programa SPSS*

Coeficientes[a]						
Modelo		Coeficientes não normalizados		Coeficientes normalizados	t	Sig.
		B	Erro padrão	Beta		
1	(Constante)	11.415	17.957		.636	.528
	Garrafa	.214	.262	.106	.815	.418
a. Variável dependente: Redução do consumo						

Nota: Elaboração própria.

CAPÍTULO V CONCLUSÕES

5.1 Conclusões

Na presente tese foi concebida, implementada e validada experimentalmente uma ferramenta de apoio denominada Bot para o tratamento de cessação tabágica do Centro de Integración Juvenil Zacatecas. A ferramenta aborda a conceção de uma nova aplicação gerando uma implementação e gestão do tratamento, que deve ser aperfeiçoada e actualizada de acordo com as novas normas do Centro para obter um sistema totalmente funcional que satisfaça todos os requisitos dos utilizadores.

O objetivo da ferramenta de apoio denominada Bot foi apoiar o tratamento de cessação tabágica e a gestão dos registos e informações dos pacientes para os médicos assistentes, reduzindo o tempo necessário e facilitando o desenvolvimento de tais atividades, alinhado com os objetivos deste documento; "Determinar o impacto da utilização de um Bot de Telegrama para a gestão de pacientes em tratamento de cessação tabágica", pode-se concluir que os objectivos foram parcialmente atingidos devido à baixa correlação entre as variáveis do estudo, ou seja, o impacto mínimo que o Bot teve no tratamento de cessação tabágica, que, apesar de positivo, não foi muito significativo.

Por conseguinte, a hipótese geral "A utilização de um Telegram Bot aumenta o impacto na gestão do tratamento de cessação tabágica" é rejeitada e a hipótese alternativa "A utilização de um Telegram Bot aumenta parcialmente o impacto na gestão do tratamento de cessação tabágica" é aceite."Embora o impacto da ferramenta no tratamento não tenha sido o esperado, ou seja, a redução do consumo de tabaco em comparação com os métodos tradicionais não teve uma melhoria significativa, teve um impacto na gestão do tratamento, aliviando a carga de trabalho dos profissionais de saúde e salvaguardando os registos gerados por cada paciente como parte do seu tratamento.

No que diz respeito aos resultados obtidos, embora se tenha obtido uma resposta favorável, é possível que possa ser melhorada para prestar melhores cuidados e abranger mais nichos de oportunidade presentes nesta instituição, infelizmente a falta de orçamento e a constante rotação de pessoal dificultam o acompanhamento e atrasam a evolução do mesmo, dado que os médicos assistentes avaliaram a aplicação de forma excelente, pode concluir-se que o objetivo de melhorar os processos de gestão dos pacientes em tratamento do tabagismo foi alcançado.

Para além do acima exposto, a ferramenta incorporou várias tecnologias e linguagens de programação na sua implementação, todas elas de utilização livre e documentadas com vista a possíveis adaptações, avaliações, apreciações e actualizações futuras.

Em 2018, quando esta ferramenta foi implementada, ainda não existiam muitas aplicações semelhantes, pelo que os utilizadores ainda não estavam habituados a utilizar este tipo de interação através de mensagens instantâneas, muito menos com um sistema de resposta semi-automático.

O aumento mínimo da eficácia do tratamento com esta ferramenta, de acordo com os instrumentos aplicados, deveu-se em grande parte à resistência dos pacientes e dos terapeutas à utilização de novas tecnologias.

Até à data (2023) existem multidões de Bots em praticamente todos os sistemas de ajuda dos grandes sites de cadeias comerciais, instituições bancárias e um número infinito de empresas, o que simplifica o trabalho da área de apoio e canaliza a ajuda de forma mais eficiente, razão pela qual esta aplicação é considerada na vanguarda deste tipo de tecnologia.

A ferramenta proposta permite a incorporação de diferentes tecnologias emergentes para a implementação, aplicação e execução, tirando partido das suas vantagens, mas sobretudo das suas capacidades, sem esquecer que todas elas são ferramentas gratuitas com grande suporte na rede.

Em suma, a possibilidade de incluir diferentes arquitecturas de software multiplataforma e diferentes linguagens de programação permite que a ferramenta proposta seja programada para outras linhas da instituição.

5.2 Recomendações

1) Recomenda-se a implementação da utilização do Bot noutros locais com um maior número de participantes para enriquecer a amostra, com o objetivo de obter resultados mais precisos de acordo com os instrumentos utilizados, a fim de avaliar o desempenho do Bot em comparação com os métodos de tratamento tradicionais.

2. Enriquecer os instrumentos de modo a abranger todas as dimensões envolvidas e, assim, dispor de um método de avaliação atualizado e mais adaptado às novas tendências de tratamento e aos hábitos dos utilizadores.

3) Recomenda-se que se aprofunde a documentação sobre tabagismo para enriquecer a base de conhecimentos do Bot e, assim, proporcionar uma melhor experiência ao utilizador através de uma comunicação mais natural, ampla e enriquecida.

4. Alargar o número de testes ao Bot, considerando diferentes cenários de execução, de modo a obter um parâmetro mais preciso sobre o seu desempenho, consumo de dados e desempenho global.

5. Recomenda-se a consulta de bibliografia actualizada sobre novos desenvolvimentos a nível internacional, relacionados com a utilização de bots em questões médicas, mas mais especificamente os utilizados contra o tabagismo.

5.3 Linhas de investigação futuras

A utilização de um Bot para melhorar o impacto do tratamento de cessação tabágica representa um sistema inovador que permite uma gestão mais fácil da prestação do tratamento; no entanto, não existem provas suficientemente fortes para defender que é um meio bem sucedido para alcançar resultados favoráveis, o que coloca um desafio para futuras aplicações em que a implementação de um Bot para apoiar estas tarefas seja uma referência, uma vez que terão de cumprir normas e diretrizes estabelecidas por entidades especializadas e tradicionalistas que, muitas vezes, não dão oportunidade a este tipo de tecnologia.

Não se deve esquecer que estas aplicações móveis são consideradas baratas, actualizáveis e acessíveis à maioria das pessoas que possuem um smartphone, pelo que o desenvolvimento de novas versões deve seguir as seguintes linhas de investigação futura:

1. Desenvolvimento de novas aplicações centradas no utilizador, mas baseadas em provas científicas de tratamentos.
2. Alargar os desenvolvimentos a novas plataformas para os tornar mais acessíveis aos utilizadores.
3. Implementar meios de comunicação em linguagem natural, como o reconhecimento de voz, na programação do Bot.
4. Formação para que os profissionais de saúde vejam a ferramenta como um apoio e não como um constrangimento.
5. Reforçar os métodos de medição do impacto sobre a eficácia dos tratamentos, a fim de dispor de uma base sólida para a utilização deste tipo de aplicação.

Bibliografia

Adenowo, A. A., & Adenowo, B. A. (2013). Metodologias de engenharia de software: Uma revisão do modelo em cascata e da abordagem orientada a objetos. *Revista Internacional de Investigação Científica e de Engenharia*, *4*(7), 427–434.

Alemán Cortes, A. V. (2017). *Aplicação móvel para a prevenção de dependências no contexto da UCLV* [Tese de Doutoramento]. Universidade Central "Marta Abreu" de Las Villas.

Alfonseca, M. (2014): *Será o teste de Turing suficiente para definir "inteligência artificial"?*

Anderson, P., e Montero, B. (2021). *Aplicação móvel para a promoção da saúde oral* [tese de licenciatura]. Universidade Nacional de Chimborazo.

Arias, D., e Vela, H. (2015). Aplicação da teoria da cor e de técnicas de web design responsivo no desenvolvimento de aplicações front-end. *pt. 77In: p*, .

Arias Gonzáles, J. L., e Covinos Gallardo, M. (2021). *Conceção e metodologia da investigação.*

Ávila-Tomás, J. F., Espinosa, E. O., Lorenzo, C. M., Suberviola, F. J. M., Pardo, B. M., Serrano, M. E. S., Güeto-Rubio, M. V., & Dej, G. (2020). Dejal@ Bot: Um chatbot aplicável no tratamento da cessação do tabagismo. *Revista de Investigação e Educação em Ciências da Saúde (RIECS)*, *5*(1), 33–41.

Bacilio Ruiz, A. (2021). *Avaliação do uso de um Chatbot para acompanhamento em um ensaio clínico de profilaxia COVID-19 em profissionais de saúde.*

Baena Paz, G. (2017). *Metodología de la investigación*. Grupo editorial patria.

Balaguera, Y. D. A. (2013). Metodologias ágeis no desenvolvimento de aplicações para dispositivos móveis. Estado atual. *Revista de Tecnologia*, *12*(2), 111–123.

Barker Maillard, C. (2019). *Avaliação e desenvolvimento de um sistema de assistência virtual sobre sexualidade baseado em ferramentas de inteligência artificial para apoiar o trabalho educacional em crianças em idade escolar.*

Benito Rodríguez, M. (2018). *Depósito e armazenamento de ficheiros no Telegram.*

Betjeman, T. J., Soghoian, S. E., & Foran, M. P. (2013). MHealth na África subsariana. *2013Revista internacional de telemedicina e aplicações*, .

Bistarelli, S., Fioravanti, F., Peretti, P., & Santini, F. (2012). Avaliação de cenários de segurança complexos utilizando árvores de defesa e índices económicos. *Journal of Experimental & Theoretical Artificial Intelligence*, *24*(2), 161–192.

Blanco, A., Sandoval, R. C., Martínez-López, L., & Caixeta, R. de B. (2017). Dez anos da Convenção-Quadro da OMS para o Controlo do Tabaco: Progresso nas Américas, *59*, 117–125.

Bonet, L., Izquierdo, C., Escartí, M. J., Sancho, J. V., Arce, D., Blanquer, I., & Sanjuan, J. (2017). Uso de tecnologias móveis em pacientes com psicose: uma revisão sistemática. *Jornal de Psiquiatria e Saúde Mental*, *10*(3), 168–178.

Bourke, J., Kirby, A., & Doran, J. (2016). *Survey & Questionnaire Design*. Cork, IRL: NuBooks.

Briz Ponce, L. (2016). *Análise da eficácia das aplicações m-health em dispositivos móveis no domínio da formação médica*.

Caballero, A. (2014). *Metodologia integrada inovadora para planos e teses*. CENGAGE Learning.

Caballo Trebol, Á. (2013). Medição do risco de crédito: Desenvolvimento de uma nova ferramenta. *Medição do risco de crédito.*, 1–195.

Cabrera Mendoza, N. I., Castro Enriquez, P. P., Demeneghi Marini, V. P., Fernández Luque, L., Morales Romero, J., Sainz Vazquez, L., & Ortiz León, M. C. (2014). mSalUV: Um novo sistema de mensagens móveis para o controle do diabetes no México. *Revista Pan-Americana de Saúde Pública*, *35*, 371–377.

Cahn, J. (2017). CHATBOT: Arquitetura, conceção e desenvolvimento. *Escola de Engenharia e Ciências Aplicadas da Universidade da Pensilvânia Departamento de Informática e Ciências da Informação*.

Cancio, L. P., e Bergues, M. M. (2013). Usabilidade de sítios web, métodos e técnicas de avaliação. *24Revista Cubana de Información en Ciencias de la Salud*, (2), Art. 2. http://www.rcics.sld.cu/index.php/acimed/article/view/405

Centros de Integración Juvenil | Gobierno | gob.mx. (2022, 1 de janeiro). https://www.gob.mx/salud%7Ccij/que-hacemos

Chavez Vizuet, Psic. E. (2016). *Tratamiento para Dejar de Fumar Fumar Centros de Integración Juvenil Dirección de Tratamiento y Rehabilitación Manual de aplicación.* http://www.intranet.cij.gob.mx/Archivos/Pdf/MaterialDidacticoTratamiento/ManualTerapiaParaDejardeFumar.pdf

Chesñevar, C. I., & Estevez, E. C. (2018). *O comércio eletrónico na era dos bots*.

Contreras, H. (2012). *Teoria de la Computacion para Ingenieria de Sistemas: Un enfoque practico*. Recuperado de: http://webdelprofesor. ula. ve/ingenieria/hyelitza/materias ....

Crismán-Pérez, R., e Núñez-Vázquez, I. (2015). Escala de conocimiento morfológico de la modalidad lingüística andaluza: Estudos de fiabilidade, evidências de validade e implicações didáticas. *Revista de Investigación Lingüística*, *18*, 43–64.

Cruz Barrera, D. A., e Zambrano Lazarte, N. F. (2020). *Chatbot para aprender sobre sexualidade*.

Cruz Zapata, B. (2018). Uma proposta de gestão do conhecimento de requisitos de usabilidade em aplicações móveis de saúde. *Projeto de pesquisa:*

Dahiya, M. (2017). Uma ferramenta de conversação: Chatbot. *Revista Internacional de Ciências da Computação e Engenharia*, *5*(5), 158–161.

Diaz Guerra, M. E. (2021). *Chatbot para aprender a prevenção do cancro da mama.*

Estrada Cutimbo, L. (2018). *Implementação de chatbot baseado em inteligência artificial para a gestão de requisitos e incidentes numa companhia de seguros.*

Fernández, A. M. (2020). *Aplicações móveis relacionadas com a saúde. Um estudo sobre aplicações com funcionalidade para lembretes de medicação* [Tese de Doutoramento]. Universidade de Zaragoza.

Formella, A. (2010). Teoria dos autómatos e linguagens formais. *Departamento de Informática, Universidade de Vigo, junho.*

Fred, K., & Howard, L. (2002). *Investigacion del Comportamiento Metodos de Investigacion Social Ciencias.* México: McGRAW-Hill/interamericana editores, sa de cv.

Freire, C. E. E. E. E. (2018). Variáveis e sua operacionalização na pesquisa educacional. Parte I. *Revista Conrado*, *14*(65), 39–49.

Freire, E. E. E. E. (2019). Variáveis e sua operacionalização na pesquisa educacional. 2ª parte. *Revista Conrado*, *15*(69), 171–180.

Frías-Navarro, D. (2014). Apuntes de SPSS. *Universidade de Valência.*, 1–10.

Frías-Navarro, D. (2022). Notas sobre a estimativa da fiabilidade da consistência interna dos itens de um instrumento de medida. *D. Frías-Navarro, Recomendações para a redação de um relatório de investigação e leitura crítica. Espanha: Universidade de Valência. Obtido em https://www. uv. es/friasnav/AlfaCronbach. pdf.*

Galán Pache, L. (2014). *Desenvolvimento de uma interface para controlo por voz da aplicação móvel de mensagens Telegram.*

García-Pazo, P., Fornés-Vives, J., Sesé, A., & Pérez-Pareja, F. J. (2020). Aplicativos para a cessação do tabagismo usando a Terapia Cognitivo-Comportamental. Uma revisão sistemática, *33*(4), 333–344.

Gil, A. M. C., & Afrashtehfar, K. I. (2020). Telegram Messenger: uma ferramenta adequada para a Teledentistry. *Jornal de Pesquisa Oral*, *9*(1), 4–6.

Gliem, J. A., & Gliem, R. R. (2003). *Cálculo, interpretação e comunicação do coeficiente de fiabilidade alfa de Cronbach para escalas de tipo Likert.*

González, A. B. G., & Reboredo, A. de L. (2019). *Usabilidade na Web.*

González Alonso, J., e Pazmiño Santacruz, M. (2015). Cálculo e interpretação do alfa de Cronbach para o caso de validação da consistência interna de um questionário, com duas possíveis escalas do tipo Likert. *Revista publicando*, *2*(1), 62–67.

González Duque, R. (2011). *Python para todos*. Atribuição Creative Commons.

Greenwald, R., Stackowiak, R., & Stern, J. (2013). *Oracle essentials: Oracle database 12c*. O'Reilly Media, Inc.

Grimaldo Botero, G. J. (2013). *Desenvolvimento de uma aplicação móvel para apoiar a plataforma web do observatório "Monitorização de variáveis físicas e fisiológicas em crianças e adolescentes em idade escolar em Risaralda"*.

Guerrero, J. S. D., Bazan, Y. Y. L., & Moreno, F. J. S. (2017). Desenvolvimento de chatbot usando o Microsoft bot framework. *Revista de investigação multidisciplinar Espirales*, *1*(11).

Gutiérrez López, A., e Castillo Franco, P. (2008). Estudio epidemiológico del consumo de alcohol y tabaco en pacientes solicitantes de tratamiento en CIJ en 2007. *Centros de Integração Juvenil, Direção de Investigação e Ensino, Subdireção de Investigação, Relatório de Investigação*, *8*, 12.

Hernández, R., Fernández, C., & Batista, P. (2016). Metodología de la investigación. 6ª Edição Sampieri. *Soriano, RR (1991). Guía para realizar investigaciones sociales. Plaza y Valdés*.

Hernández-Sampieri, R., Fernández Collado, C., & Batista Lucio, P. (2018). *Metodologia de investigação* (Vol. 4). McGraw-Hill Interamericana México.

Hernández-Sampieri, R., e Mendoza Torres, C. P. (2018). *Metodologia de investigação: Rotas quantitativas, qualitativas e mistas*. McGraw Hill México.

Hutton, B., Catalá-López, F., & Moher, D. (2016). A extensão da declaração PRISMA para revisões sistemáticas que incorporam meta-análises de rede: PRISMA-NMA. *Medicina clínica*, *147*(6), 262–266.

Instituto Nacional de Psiquiatria Ramón de la Fuente Muñiz, S. de S. (2017). *Encuesta Nacional de Consumo de Drogas, Alcohol y Tabaco 2016-2017: Relatório sobre o tabaco*. INPRFM Cidade do México.

Kerlinger, F. N. (1979). *Investigação comportamental - uma abordagem concetual*.

Kuri-Morales, P. A., González-Roldán, J. F., Hoy, M. J., & Cortés-Ramírez, M. (2006). *48*Epidemiology of smoking in Mexico. *saúde pública do méxico*, , s91-s98.

Labra Chino, E., & Quispe Poma, E. (2022). *Um método de encaminhamento baseado em chatbot para consultas de saúde de utilizadores idosos em contexto de pandemia*.

Legaspi, L. M. D., Ramírez, L. C., & Olalde, M. G. C. (2020). Perceção de risco e uso de álcool e tabaco entre estudantes do ensino médio em Zacatecas . *Lux Médica*, *15*(43), 13–24.

León, C., Xochilt, D., Cruz, A., & Betzaida, S. (2015). *Aplicações de tecnologia móvel como suporte para a cessação do tabagismo* (pp. 1998-2002).

LEI GERAL DE CONTROLO DO TABACO, N.º DOF 06-01-2010, CÂMARA DOS DEPUTADOS DO H. CONGRESSO DA UNIÃO (2010). http://www.conadic.salud.gob.mx/pdfs/ley_general_tabaco.pdf

Leyva-Vázquez, M., e Smarandache, F. (2018). *Inteligência Artificial: Desafios, perspetivas e o papel da Neutrosofia*. Estudo Infinito.

Londoño Pérez, C., Rodríguez Rodríguez, I., & Gantiva Díaz, C. A. (2011). Questionário para a classificação dos utilizadores de cigarros (C4) para jovens. *Diversitas: perspectivas em psicologia*, *7*(2), 281–291.

López-Roldán, P., & Fachelli, S. (2015). *Metodologia da investigação social quantitativa*.

Maida, E. G., e Pacienzia, J. (2015). *Metodologias de desenvolvimento de software*.

Mantilla, M. C. G., Ariza, L. L. C., & Delgado, B. M. (2014). Metodologia para o desenvolvimento de aplicações móveis. *Tecnura: Tecnologia e Cultura Afirmando o Conhecimento*, *18*(40), 20–35.

Martínez, C. M., e Sepúlveda, M. A. R. (2012). Introdução à análise fatorial exploratória. *Revista colombiana de psiquiatria*, *41*(1), 197–207.

Matas, A. (2018). Desenho do formato da escala do tipo Likert: Um estado da arte. *Revista eletrónica de investigação educacional*, *20*(1), 38–47.

Mazera, L., e González, M. J. S. (2018). Bot of health care: Desenvolvimento do aplicativo móvel "Kiga" para doença renal crônica no Brasil.

Pesquisa qualitativa em comunicação digital e sociedade: novos desafios e oportunidades.

Medina Martínez, N. F. (2015). Variáveis complexas na investigação pedagógica-Variáveis complexas na investigação pedagógica. *Revista UPEU - Revista de Investigación Apuntes Universitarios.*

Mertens, D. M. (2019). *Investigação e avaliação em educação e psicologia: Integrar a diversidade com métodos quantitativos, qualitativos e mistos.* Publicações Sage.

MEX-ALVAREZ, D. C., HERNÁNDEZ-CRUZ, L. M., UC-RIOS, C. E., & CAB-CHAN, J. R. (n/d). Análise de usabilidade web através de métricas padronizadas e sua aplicação prática na plataforma SAEFI. *Revista de,* 15.

Miranda Castellón, D. (2016). *A Teoria da Cor como elemento indispensável no Design Gráfico e na Comunicação Visual.*

Montilva, J., Arapé, N., & Colmenares, J. (2003). *Desenvolvimento de software baseado em componentes.* Actas do IV. Congresso de Automação e Controlo. Mérida, Venezuela.

Mulyanto, A. D. (2020). Pemanfaatan Bot Telegram Untuk Media Informasi Penelitian. *MATEMÁTICA*, *12*(1), 49–54.

Oberti, A., e Bacci, C. (2016). *Metodologia de pesquisa.*

Olson, C., & Kemery, K. (2019). *Relatório de voz Das respostas à ação: adoção pelo cliente da tecnologia de voz e dos assistentes digitais.* Microsoft.

Oviedo, H. C., e Campo-Arias, A. (2005). Aproximação à utilização do coeficiente alfa de Cronbach. *Revista colombiana de psiquiatria*, *34*(4), 572–580.

Pacheco Campoverde, L. G., and Idrovo Tapia, C. I. (2014). *Desenvolvimento de uma aplicação móvel em Android para apoio à prevenção da recaída em pacientes em processo de recuperação do Hospital Psiquiátrico Humberto Ugalde Camacho* [tese de licenciatura].

Pedroza, H., e Dicovskyi, L. (2007). *Sistema de análise estatística com SPSS.*

Pérez Peña, J. B., e Ramos Jurado, J. R. (2021). *Chatbot com inteligência artificial para o processo de atendimento ao cliente no serviço de urologia de um estabelecimento de saúde.*

Pericot Valverde, I. (2016). *Aplicações da realidade virtual no tratamento do tabagismo.*

Pressman, R. S. (2010). *Software Engineering A Practical Approach* (Sétima edição). McGraw-Hill.

Puerto, G. A. S., Rincón, E. H. H., & Obando, F. S. (2016). Aplicações móveis de saúde: Uso em pacientes de Medicina Interna no Hospital Regional de Duitama, Boyacá, Colômbia. *Revista Cubana de Informação em Ciências da Saúde (ACIMED)*, *27*(3), 271–285.

Pulido, J. F. G. (2018). Validação de constructo de um questionário relacionado com o diagnóstico estratégico das TIC no Ensino Superior. Estudo de caso. *Ação Pedagógica*, *27*(1), 22–33.

Rabelo, R. J., Romero, D., & Zambiasi, S. P. (2018). Softbots apoiando o operador 4.0 em ambientes de fábricas inteligentes. *Conferência Internacional IFIP sobre Avanços em Sistemas de Gestão da Produção.*, 456–464.

Rey Iborra, C. (2019). *Aplicações móveis de saúde como ferramentas de apoio à autogestão dos cuidados de saúde de doentes crónicos* [tese de licenciatura].

Rodrigues, J. L. T., Alves, C. F., & Osshiro, M. (n/d). *Anetha-Desenvolvimento de Chatbot em Python*.

Rodríguez, D. R. (2022). *Criação de um chatbot para consulta veterinária canina utilizando inteligência artificial*.

Rouhiainen, L. (2018). Inteligência artificial. *Madrid: Alienta Editorial*.

Rowland, S. P., Fitzgerald, J. E., Holme, T., Powell, J., & McGregor, A. (2020). Qual é o valor clínico da saúde móvel para os pacientes? *Medicina digital NPJ*, *3*(1), 1–6.

Ruiz, E. F., Proaño, Á., Ponce, O. J., & Curioso, W. H. (2015). Tecnologias móveis para a saúde pública no Peru: Lições aprendidas. *32Revista Peruana de Medicina Experimental y Salud Pública*, (2), Art. 2.

Segrelles-Calvo, G., de Granda-Beltrán, A. M., & de Granda-Orive, J. I. (2021). Um chatbot para deixar de fumar. Será o futuro? *vícios*, *33*(1), 73–74.

Sekulovski, E. (2014). *Geração de aplicações móveis multiplataforma com uma abordagem orientada por modelos baseada em IFML e compilação cruzada*. Scuola di Ingegneria dell'Informazione.

Serrano Mascaraque, E. (2009). Acessibilidade vs. usabilidade web: Avaliação e correlação. *Pesquisa em biblioteconomia*, *23*(48), 61–103.

Solís, G. A., Méndez, G., & Segura, R. J. (2014). *TESTE DE SOFTWARE PARA DISPOSITIVOS MÓVEIS ANDROID*.

Sommerville, I. (2005). *Engenharia de software*. Pearson Education.

Suárez, O. M. (2007). Aplicação da análise fatorial aos estudos de mercado. Estudo de caso. *Scientia et technica*, *1*(35).

Telegrama vs Whatsapp: Qual é a melhor aplicação de mensagens [dezembro de 2021] (n/d). GEEKNETIC. Recuperado em 9 de dezembro de 2021, de https://acf.geeknetic.es/Guia/1839/Telegram-vs-Whatsapp-Cual-es-la-mejor-app-de-mensajeria.html

Velázquez Macías, J., Vela Dávila, J., Veyna Lamas, M., & Gomez Aguilar, C. (2017). Desenvolvimento de um bot para apoio no tratamento do tabagismo no Centro de Integração Juvenil de Zacatecas. *Revistas de Tecnologia da Informação e Comunicação*, *1*(2).

Velázquez Macías, J., Veyna Lamas, M., Vela Dávila, J., & Rodríguez González, B. (2016). Utilização de um Bot para a verificação de fórmulas matemáticas das disciplinas de Probabilidade e Investigação Operacional na Universidade Politécnica de Zacatecas. *Revista de Sistemas Informáticos e TIC's*, *2*(5), 53–58.

Velázquez-Altamirano, M., e Córdova-Alcaráz, A. J. (2020). *SISTEMA INSTITUCIONAL PARA A AVALIAÇÃO DE PROGRAMAS DE TRATAMENTO.*. 23.

Velázquez-Macias, J., Vela-Dávila, J. A., Veyna-Lamas, M., & Pinales-González, L. C. (2017). Desenvolvimento de uma aplicação móvel para apoiar a prevenção da diabetes tipo 2 em pessoas com mais de 18 anos de idade. *Journals of Information Technology and Communications*, *1*(2), 47–55.

Velázquez-Macias, J., Veyna-Lamas, M., Vela-Dávila, J. A., Lara-Torres, C. G., & González-Saenz, J. A. (2020). Análise do risco de diabetes tipo 2 usando o aplicativo móvel Diabetest em pessoas com mais de 18 anos de idade no município de Fresnillo, Zacatecas, México. *Revista de Programação Matemática e Software*.

Villegas-Ch, W., Arias-Navarrete, A., & Palacios-Pacheco, X. (2020). Proposta de uma Arquitetura para a Integração de um Chatbot com Inteligência Artificial em um Smart Campus para a Melhoria da Aprendizagem. *Sustentabilidade*, *12*(4), 1500.

Vique, R. R. (2019). *Métodos para o desenvolvimento de aplicações móveis*.

Vogt, W. P., & Johnson, R. B. (2015). *The SAGE dictionary of statistics & methodology: Um guia não técnico para as ciências sociais*. Publicações Sage.

VonHoltz, L. A. H., Hypolite, K. A., Carr, B. G., Shofer, F. S., Winston, F. K., Hanson III, C. W., & Merchant, R. M. (2015). Uso de aplicativos móveis: uma abordagem centrada no paciente. *Medicina de Emergência Académica*, 22(6), 765–768.

OMS (2015). *Relatório global da OMS sobre tendências na prevalência do tabagismo 2015*. Organização Mundial da Saúde.

Yoong, S. L., D'Espaignet, T. E., Wiggers, J., St Claire, S., Mellin-Olsen, J., & Grady, A. (2020). *Resumos de conhecimento sobre tabaco da OMS: Tabaco e complicações pós-operatórias*.

Zavala-Arciniega, L., Fleischer, N., Paz-Ballesteros, W. C., Reynales-Shigematsu, L. M., Meza, R., & Jimenez-Mendoza, E. (2019). Desafios na implementação das medidas MPOWER no México. Resultados da Pesquisa Global de Tabaco em Adultos (GATS) 2009-2015. *Reunião Anual e Expo 2019 da APHA (2 a 6 de novembro)*.

Anexos

Anexo 1

QUESTIONÁRIO DE MOTIVOS PARA FUMAR (FINAL)

Instituição :______________ Data: _____/_____/_____

Dia Mês Ano

Nombre:_____________________________________		
Apelido do pai Apelido da mãe Nome(s) próprio(s)		
Género:		Idade:

Segue-se uma lista de razões pelas quais algumas pessoas continuam a fumar. Leia cada uma das razões e responda de acordo com a sua própria experiência.

Marcar com um "X":

1) Nunca
2) Raramente
3) Ocasionalmente
4) Seguido de
5) Frequentemente
6) Sempre

		1	2	3	4	5	6
1	Sinto que fumar me dá segurança						
2	Sinto que fumar me faz sentir melhor						
3	Exalar cada baforada de fumo dá-me uma sensação agradável.						
4	Gosto de fumar depois das refeições, com chá, café ou álcool.						
5	Quando me sinto zangado com alguma coisa, fumo para me acalmar.						
6	Mesmo quando estou doente, sinto necessidade de um cigarro						
7	Todos os charutos que fumo são agradáveis.						
8	Se não fumar, perco parte da minha personalidade.						
9	Fumo para me manter acordado						
10	A sensação do charuto entre os dedos é gratificante.						
11	Quando estou relaxado e em períodos de descanso, gosto de fumar.						
12	Se estou nervoso com alguma coisa, fumo quase o dobro.						
13	Se mudar para charutos suaves, fumo quase o dobro.						

14	Acendo um cigarro sem ter terminado o anterior.						
15	Fumo mais quando estou em reuniões sociais						
16	Em trabalhos monótonos ou aborrecidos, fumo mais.						
17	Gosto de bater no charuto de uma certa forma.						
18	Durante o meu trabalho, tenho tempo para desfrutar de um cigarro						
19	Fumo quando quero esquecer as minhas preocupações						
20	Sinto-me mal se não fumar, mesmo que fumar não seja realmente agradável.						
21	Acendo cigarros sem me aperceber						
22	Eu fumo para não me sentir tão só.						
23	Sinto-me mais alerta e com mais energia quando fumo cigarros.						
24	Gosto de fumar a partir do momento em que tenho o maço nas mãos.						
25	Quando estou calmo, gosto de fumar						
26	Fumo mais quando estou tenso.						
27	Quando deixo de fumar durante algumas horas, começo a sentir sintomas físicos desagradáveis						
28	Já houve alturas em que me esqueci onde deixei um cigarro a arder.						
29	Ter um cigarro na mala dá-me paz de espírito.						
30	Trabalho melhor quando fumo						
31	Tirar o maço, segurar o cigarro na mão e ver o fumo é gratificante.						
32	A minha vontade de fumar aumenta quando estou confortável						
33	Fumar reduz a minha tensão arterial						
34	Quando não tenho cigarros, faço qualquer coisa para os conseguir.						
35	Fumo todos os cigarros que me são oferecidos						

Anexo 2

QUESTIONÁRIO DE USABILIDADE DO BOT

Instituição : ________________ Data: ______/______/______
Dia Mês Ano

Nombre:____		
________________________ Apelido do pai Apelido da mãe Nome(s) próprio(s)		
Género:		Idade:

Segue-se uma lista de perguntas relacionadas com a gestão do frasco implementada no tratamento para deixar de fumar. Leia cada uma delas e responda de acordo com a sua própria experiência.
Marcar com um "X":
1) Muito mau
2) Mau
3) Regular
4) Bom
5) Muito bom
6) Excelente

1	A instalação do programa Telegram	1	2	3	4	5	6
2	A procura do contacto "Deixar de fumar	1	2	3	4	5	6
3	A ajuda do Bot	1	2	3	4	5	6
4	Tempo de resposta	1	2	3	4	5	6
5	A clareza das opções disponíveis	1	2	3	4	5	6
6	A clareza das respostas recebidas	1	2	3	4	5	6
7	Facilidade de utilização	1	2	3	4	5	6
8	A interface gráfica	1	2	3	4	5	6
9	Tamanho do texto	1	2	3	4	5	6
10	Sugestões recebidas (temáticas)	1	2	3	4	5	6
11	Periodicidade das gorjetas recebidas (tempo)	1	2	3	4	5	6
12	Consumo de dados	1	2	3	4	5	6
13	A velocidade global de execução	1	2	3	4	5	6

Anexo 3

EFICÁCIA DO TRATAMENTO

Instituição :_______________ Data: ______/______/______
Dia Mês Ano

Nombre:_______________		
Apelido paterno Apelido materno Nome(s) próprio(s)		
Género:		Idade:

Destinado a terapeutas

Segue-se uma lista de perguntas relacionadas com os resultados obtidos após a aplicação do bot de apoio ao tratamento do tabagismo em alguns doentes. Leia cada uma delas e responda de acordo com a sua própria experiência em relação ao método tradicional.

Marcar com um "X" :

1) Muito mau
2) Mau
3) Regular
4) Bom
5) Muito bom
6) Excelente

		1	2	3	4	5	6
		1	2	3	4	5	6
		1	2	3	4	5	6
1	A redução do consumo em unidades por dia foi de	1	2	3	4	5	6
2	A redução do tempo de tratamento foi de	1	2	3	4	5	6
3	A utilização do tempo de tratamento foi	1	2	3	4	5	6
4	A redução das incidências foi de	1	2	3	4	5	6
5	O aumento de terapias bem sucedidas foi	1	2	3	4	5	6
6	A redução de zero terapias foi	1	2	3	4	5	6
7	A redução das perdas de diários de bordo foi	1	2	3	4	5	6
8	A redução do preenchimento incorreto do diário de bordo foi	1	2	3	4	5	6
9	Em termos gerais, qual foi a evolução do doente com este tratamento?						

Anexo 4

USABILIDADE DA PLATAFORMA WEB

Instituição :_______________ Data: _____/_____/_____
Dia Mês Ano

Nombre:___________________________________		
____________________ Apelido paterno Apelido materno Nome(s) próprio(s)		
Género:		Idade:

Destinado a terapeutas (5)
Segue-se uma lista de perguntas relacionadas com a gestão da aplicação WEB que gere os dados fornecidos pelos doentes através do Bot no tratamento para deixar de fumar. Leia cada uma delas e responda de acordo com a sua própria experiência.
Marcar com um "X":
1) Não concordo de todo
2) Não concordo
3) Discordo um pouco
4) Algum acordo
5) De acordo
6) Concordo plenamente

		1	2	3	4	5	6
1	Penso que vou gostar de visitar este sítio Web com frequência.						
2	Achei o sítio Web pouco complexo						
3	É relativamente fácil utilizar o sítio Web						
4	Não preciso do apoio de um especialista para navegar no sítio Web.						
5	Achei as várias possibilidades do sítio Web muito bem integradas.						
6	O sítio Web é coerente						
7	Imagino que a maioria das pessoas aprenderia muito rapidamente a utilizar o sítio Web.						
8	Achei o sítio Web visualmente apelativo						
9	Senti-me muito confiante na gestão do sítio Web.						
10	Não preciso de aprender muitas coisas antes de me poder desenrascar no sítio Web.						
		1	2	3	4	5	6

Apêndice A. Código fonte do módulo de registos de consumo

```
# -+- coding: utf-8 -*-
#tabaquismo2.py
import math


####################Declaracion de funciones


def fraseinicio():
	frases = array(["Estas seguro de continuar con un ","Que tal sigamos con un","\xF0\x9F\x98\xA3 ","No quería hacerlo pero sigamos con un ","Bien comencemos con un", "Ok comencemos con un", "No esperaba que seleccionaras esto pero continuemos", "Complicado pero continuemos con un "])

	x=random.randrange(0,8)
	frase=frases[x]

	return frase


################Fin declaración de funciones


import telepot, time, pprint, random, numpy
from numpy import array
print ('Escuchando conversaciones....')

def handle(msg):
	chat_id = msg['chat']['id']
	print chat_id
	command = msg['text']
	desde= msg['chat']['first_name'] + ' ' + msg['chat']['last_name'] + ' - Tabaquismo'

	print (desde)
	print ('Comando recibido: %s' % command)

    #####Evaluando valores para /tc #####
```

```
lenop=len(command)
      if lenop>3:
            op=command[0]+command[1]+command[2]
            print (op)
      elif lenop>2:
            op=command[0]+command[1]
            print (op)
      elif lenop>1:
            op=command[0]
            print (op)
      elif lenop<=1:
            op=command[0]
            print (op)
      #/xx 1,2,3

      if op == '/co':
            ini=0
            fi=len(command)

            inv1=4                              #inicio cadena 1
            finv1=command.find(",")                #fin cadena 1
            v1=""
            for x in range(4, finv1):
                  v1=v1+command[x]

            print ("motivo: " + str(v1)) #v1 obtenido
            ###################################################

            inv2=finv1+1                        #inicio cadena 2
            finv2=command.find(",",inv2,len(command))        #fin cadena 2
            v2=""
            for x in range(inv2, finv2):
                  v2=v2+command[x]

            print ("numero 2: " + str(v2)) #v2 obtenido
            ###################################################
```

```
for x in range(inv3, finv3):
            v3=v3+command[x]

        print ("numero 3: " + str(v3)) #v3 obtenido

        ##################################################

        inv4=finv3+1                        #inicio cadena 4
        finv4=len(command)                  #fin cadena 4
        v4=""
        for x in range(inv4, finv4):
            v4=v4+command[x]

        print ("numero 4: " + str(v4)) #v4 obtenido

        #Gestion de errores para /ci
        try:
            v1=int(v1)
            v2=str(v2)
            v3=str(v3)
            v3=str(v4)

            msgtemp="🆗 \xF0\x9F\x98\xA3" + "Registro correcto del consumo de un cigarro por el motivo=" + str(v1)
            #llamada a funcion para almacenar str(calculosPe(m,d,x,o))
            bot.sendMessage(chat_id, msgtemp)
            #####Fin Evaluando valores para /ci #####

        except ValueError:
            msgtemp="😣" + " Algo salio mal con los valores que recibi, ¿podrias intentarlo de nuevo?"
            bot.sendMessage(chat_id, msgtemp)
            #print( "☹" + "  Algo salio mal con los valores que recibi, ¿podrias intentarlo de nuevo?")

    elif command == '/start':
```

```
bot.sendMessage(chat_id, "Puedes utilizar los siguientes comandos para acceder a cada accion.")

            bot.sendMessage(chat_id, "/cigarro - Registrar un nuevo consumo\n/motivo - Muestra los posibles motivos por los que se puede dar del consumo \n/cuestionario - Realizar el cuestionario de motivos de consumo de tabaco (consultar los resultados con su terapeuta)\n/ayuda - accede a la ayuda ")

      elif command == '/cigarro':

          bot.sendMessage(chat_id, fraseinicio()+ "registro de consumo de un cigarro. Teclea el comando /co seguido del numero del motivo por el que fumas un cigarrillo en este momento, el lugar, la actividad que estas realizando y el sentimiento percibido.\n\nEjemplo: /co 2,mi trabajo,hora de descanso,tristeza")

      elif command == '/motivos':

            bot.sendMessage(chat_id, "A continuación se describen algunos de los motivos por los cuales fumas:\nMotivo 1 = En compañia de personas\nMotivo 2 = Para concentrarme mejor y evitar la fatiga cuando trabajo\nMotivo 3 = Siento agradables los movimientos del fumar y ver el humo como se esparce\nMotivo 4 = Con el café, después después de los alimentos o en periodos de descanso.\nMotivo 5 = Cuándo me siento tenso enojado o preocupado.\nMotivo 6 = Al no fumar, por más de 30 minutos me siento mal y las molestias se quitan al fumar.\nMotivo 7 = Fumo por placer.\nMotivo 5 = No me percato cuando enciendo el cigarro.")

      elif command == '/cuestionario':

            bot.sendMessage(chat_id, "Has iniciado el Cuestionario de Motivos de Consumo de Tabaco a continuación se presenta una lista de motivos por los cuales algunas personas continuan fumando. Lee cada uno de los motivos y responde de acuerdo a tu propia experiencia.\nContesta con numeros si:\n3) Si tu 'Muy frecuentemente' fumas por ese motivo.\n2) Si tu 'ocasionalmente' fumas por ese motivo.\n1) Si tu 'nunca' fumas por ese motivo.\n¿Estas seguro(a) de continuar? s/n ")

      elif command == '/ayuda':

          bot.sendMessage(chat_id, "/cigarro - Registro de consumo de un cigarro \n/motivos - accede a la lista de motivos por los cuales fumas")

      elif command == 'Gracias' or command == 'gracias':

            bot.sendMessage(chat_id, "👀 De nada...")

      elif command == 'Hola' or command == 'hola':

            bot.sendMessage(chat_id, "✌ Hola, que tal")

      elif command == 'buenos dias' or command == 'Buenos dias':

            bot.sendMessage(chat_id, "☀ Buenos dias...")

      elif command == 'buenas noches' or command == 'Buenas noches':

            bot.sendMessage(chat_id, "🌙 Buenas noches...")

      elif command == 'buenas tardes' or command == 'Buenas tardes':

            bot.sendMessage(chat_id, "☁ Buenas tardes...")
```

```
bot.sendMessage(chat_id, "😩 Bye Bye...")
      elif command == 'Como estas' or command == 'como estas' or command == 'Kmo estas' or command == 'kmo estas':
            bot.sendMessage(chat_id, "😊 Muy Bien, ¿Y tu? ")

      elif command == 'Mal' or command == 'mal' :
            bot.sendMessage(chat_id, "😨 No me digas eso")
      elif command == 'Gracias' or command == 'gracias' :
            bot.sendMessage(chat_id, "😊 De nada")

      elif command == 'Bien' or command == 'bien' or command == 'Bien tambien' or command == 'bien tambien' or command == 'bien gracias' or command == 'Bien tambien':
            bot.sendMessage(chat_id, "😊 Genial")
      else:
            bot.sendMessage(chat_id, "😨" + "  No reconozco el comando, ¿Podrias intentar de nuevo? o consulta la /ayuda")



# Create a bot object with API key
#bot = telepot.Bot('222843035:AAHxUCQ_dSLogfUgULWg4wnoH-AQu9nzM94') #formulas
bot = telepot.Bot('449353037:AAFCFjElR5zt6M6Nn-srFVxoKpCrPX_2apM')#Dejardefumar


# Attach a function to notifyOnMessage call back
#bot.notifyOnMessage(handle)
bot.message_loop(handle)



# Listen to the messages
while 1:
    time.sleep(180)
    #bot.sendMessage(233304165, "😊 Genial")
```

Printed by Books on Demand GmbH, Norderstedt / Germany